Hans Karr

# Die faszinierendsten Segelschiffe der Welt, die man kennen muss.

pietsch

Einbandgestaltung: grafik+design Kornelia Erlewein

Titelmotiv: Foto: Damen Shipyards

Bildnachweis:
Die zur Illustration dieses Buches verwendeten Aufnahmen stammen – wenn nichts anderes vermerkt ist – aus dem Archiv des Autors. Allen anderen Bildgebern sei recht herzlich für die Überlassung des Bildmaterials gedankt.
Bei einigen Fotos konnten die Inhaber der Bildrechte nicht eindeutig ermittelt werden. Verlag und Autor bitten freundlicherweise um Kontaktaufnahme. Eine eventuelle Urheberrechtsverletzung ist unbeabsichtigt. Der Leser möge die Bildqualität einiger Abbildungen entschuldigen. Sie ist dem altersbedingten Zustand der Bildvorlagen geschuldet.
Eine Haftung des Autors oder des Verlages und seiner Beauftragten für Personen-, Sach- und Vermögensschäden ist ausgeschlossen.

ISBN 978-3-613-50957-3



Ein Unternehmen der Paul Pietsch Verlage GmbH & Co. KG

1. Auflage 2023

Sie finden uns im Internet unter **www.pietsch-verlag.de**



Lektorat: Niko Schmidt
Innengestaltung: grafik+design Kornelia Erlewein

Druck und Bindung: Grafisches Centrum Cuno GmbH & Co. KG, Calbe

# INHALT

# Vom *Segelschiff* der Antike zum *Großsegler* des 20. Jahrhunderts

## NAVIGARE NECESSE EST, VIVERE NON NECESSE

*Gnaeus Pompeius Magnus (106–48 v. Chr.) römischer Feldherr, Politiker und Gegenspieler von Gaius Julius Caesar (100–44 v. Chr.)*

*Frei übersetzt lautet das obige Zitat: »Es ist notwendig zur See zu fahren, es ist nicht notwendig zu leben.« Gnaeus Pompeius Magnus soll dies Matrosen zugerufen haben, die bei stürmischer See nicht auslaufen wollten.*

Zur Zeit dieses Ausspruchs blickte die Menschheit schon auf 3000 Jahre Seefahrtsgeschichte zurück. Gut 5000 Jahre lassen sich Segelschiffe historisch nachweisen. Ihre Ursprünge sind zwar nicht genau bekannt, aber feststeht, dass etwa 3000 v. Chr. die Ägypter erstmals auf Segelbooten ihre Waren auf dem Nil beförderten. Hauptantrieb der Schiffe war allerdings noch das Ruder, Segel übten nur eine unterstützende Funktion aus. Allmählich begannen die Ägypter auch ihre Handelswege auszuweiten und befuhren bald das östliche Mittelmeer und das Rote Meer. Sie blieben jedoch in Küstennähe und wagten sich noch nicht auf das offene Meer hinaus.

Ganz anders die Phönizier, eine Nation von Händlern, die im 1. Jahrtausend v. Chr. das Mittelmeer beherrschten und sich bis in den Atlantik wagten. Ähnlich die Griechen, die das Mittelmeer und das Schwarze Meer befuhren. Mit der Triere entwickelten sie ein leicht gebautes und durch drei Ruderreihen angetriebenes Fahrzeug, das ein Rahsegel als Hilfsantrieb führte und für die Seegefechte der Antike das ideale Kriegsschiff war.

Eine besondere Technik erfanden die Römer im Ersten Punischen Krieg (264–241 v. Chr.). Als Landmacht waren sie der Seemacht Karthago weit unterlegen. Sie konstruierten eine Corvus (Mauerhaken) genannte Enterbrücke, die im Bugbereich ihrer mit Hilfsbesegelung ausgestatteten dreireihigen Ruderschiffen, den Triremen, angebracht war. Nach dem gewollten Zusammenprall der Schiffe wurde der Corvus auf den Gegner übergeklappt, verhakte sich dort mit dem angebrachten Eisendorn und hielt so beide Schiffe zusammen. Die römischen Legionäre konnten nun auf einer relativ festen und breiten sowie ebenen Unterlage ihre überlegene und eingeübte Taktik aus dem Landkampf nahezu eins zu eins umsetzen. Des Weiteren hatten die Schiffe achtern einen Kampfturm für die Bogenschützen. Das Ruderschiff mit Hilfssegel blieb für die nächsten

**Ägyptisches Segelschiff** *Ägyptische Schiffsdarstellung, etwa 1400 v. Chr.* (Foto: Archiv Autor)

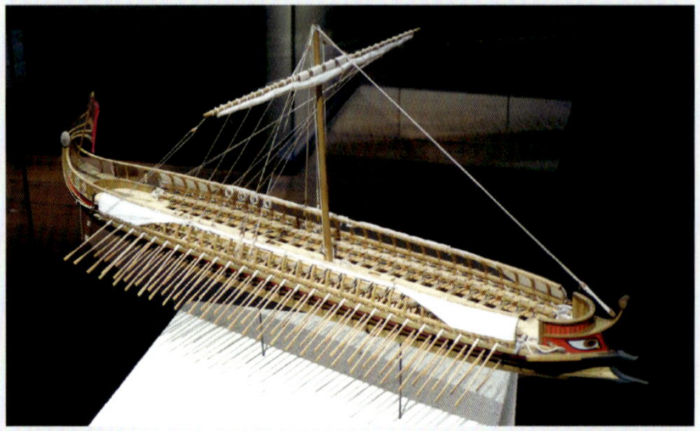

**Griechische Triere**. (6 Fotos: Hans Karr)

**Römische Trireme.** *Deutlich ist am Bug die römische Erfindung des Corvus zu erkennen.*

Jahrhunderte das dominierende Seefahrzeug. Auch die Wikinger waren vor 1000 Jahren noch mit Ruderfahrzeugen unterwegs, die jedoch technische Meisterleistungen ihrer Zeit waren. Die bis zu 30 Meter langen offenen Boote waren wendig und schnell. Sie erreichten mit Segeln Geschwindigkeiten von bis zu zwölf Knoten. Mit ihnen kamen die Wikinger als Eroberer, aber auch als Händler bis nach Nordamerika und in das Schwarze Meer.

Die im 11. Jahrhundert aufkommenden und von den antiken Ruderschiffen abgeleiteten Galeeren blieben bis in die Neuzeit bei den Seemächten des Mittelmeeres in Gebrauch. Die langen, schlanken und niederbordigen Ruderkriegsschiffe mit Hilfsbesegelung waren für das vergleichsweise ruhige Seegebiet geradezu ideale Fahrzeuge. Am Ende ihres Daseins, das bis in die Mitte des 17. Jahrhunderts währte, waren sie sogar mit Kanonen bestückt.
Der im Mittelalter bestehende Städte- und Kaufmannsbund der Hanse hatte seinen Handelsschwerpunkt in der Nord- und Ostsee. Das wichtigste Transportschiff war die Kogge. Der Mast wurde durch Wanten und Stage gehalten und trug ein rechteckiges Rahsegel.

Das Zeitalter der Entdeckungen prägten Schiffstypen wie Karacke und Karavelle. Das waren Schiffe von 30 bis 40 Meter Länge und drei Masten.
Seefahrer wie Vasco da Gama, Christoph Kolumbus und Ferdinand Magellan umsegelten mit ihnen das Kap der Guten Hoffnung, erreichten Indien auf dem Seeweg, entdeckten Amerika und umrundeten mit ihnen die Erde.

Die Chinesen befuhren im 15. Jahrhundert während der Herrschaft des Ming Kaisers Yongle (1360–1424), der eine große Flotte bauen ließ, auf weit ausgedehnten Reisen die andere Seite der Weltkugel. Mit seinen Schiffen, die bis zu 120 Meter Länge hatten und mit bis zu neun Masten ausgerüstet waren, erreichte der chinesische Admiral Zheng He (1371–1433 oder 1435) die Küsten von Arabien und Afrika. Im Vergleich mit diesen auch als Schatzschiffe (Baochuan) bezeichneten Seefahrzeugen waren die europäischen Schiffe zu dieser Zeit kleine Boote. Doch diese Episode chinesischer Seefahrt währte nur kurz und endete bald nach dem Tod des Kaisers.

Die eigentliche Ära der Segelschiffe begann im 15./16. Jahrhundert. Als Resultat der Entdeckungsfahrten begann die Zeit der Kolonialisierung. Der Handel dehnte sich nach Übersee aus. Das Verlangen nach Seemacht zur Beherrschung der Weltmeere sowie des überseeischen Handels gewann an Bedeutung. Handelsschiffe und Kriegsschiffe begannen sich als getrennte Schiffstypen weiter zu entwicklen.

Mit den Linienschiffen entstanden große dreimastige Kriegsschiffe mit über 100 auf mehreren Decks verteilt aufgestellten Kanonen und mehr als 800 Mann Besatzung. Das harte Leben an Bord dieser Kriegsschiffe hat der britische Schriftsteller Cecil Scott Forester in seiner Romanreihe über den imaginären englischen Seehelden Horatio Hornblower eindrucksvoll beschrieben.
Auf dem zivilen Sektor wurde der sogenannte Ostindienfahrer zu einem wichtigen Fernhandelsschiff. Insbesondere die Ostindischen Kompanien der Engländer und Niederländer bauten die bedeutendsten Schiffe dieser Art.

Waren bislang Muskelkraft und Windenergie die einzigen Antriebsmittel für Schiffe, so entstand ab dem beginnenden 19. Jahrhundert mit den Dampfern ein neues Zeitalter. Sie wurden für die Segelschiffe zum tödlichen Konkurrenten.

Die **Wikingerschiffe** *waren lange, wendige sowie schnelle und offene Boote.*

Die **»Reale de France«** *war eine* **französische Galeere** *um das Jahr 1670.*

Die **Kogge »Ubena von Bremen«** *ist ein Nachbau der im Oktober 1962 bei Hafenerweiterungsarbeiten in Bremen gefundenen mittelalterlichen Kogge.*

Die **»Santa Maria de Colombo«** *ist der* **Nachbau einer Karavelle**. *Sie liegt in Funchal auf Madeira und wird dort zu touristischen Zwecken und kurzen Ausflugsfahrten genutzt.*

Die Dampfer waren zwar langsam, aber unabhängig vom Wind und somit in ihrer Reisezeit berechenbar. Mit der Eröffnung des Suezkanals im Jahr 1869 gab es für sie zudem in Richtung Fernost eine kürzere, für Segelschiffe nicht nutzbare Route, was wiederum ihre Wettbewerbsposition nochmals verbesserte.

Zu einem letzten Aufbäumen der Segelschiffe kam es Mitte des 19. Jahrhunderts durch die Klipper. Sie waren schnelle Segelschiffe von höchster Perfektion und transportierten vorwiegend leicht verderbliche Waren. Schlanke extrem scharf gebaute Schiffsrümpfe und eine an Übertakelung grenzende große Segelfläche waren ihre Merkmale. Der Name leitet sich ab vom englischen to clip = schneiden. Berühmt wurden die in den 1860er und 1870er Jahren ausgetragenen Tea Races englischer Klipper, ein inoffizieller Wettbewerb zwischen den schnellsten Klippern im Teehandel. Wer zuerst die neue Ernte aus China nach London brachte, machte den größten Gewinn. Später fanden die Klipper auch Einsatz im Wollhandel mit Australien. Gegen die den Suezkanal nutzende Dampferkonkurrenz lagen sie aber bald in beiden Fahrtgebieten im Hintertreffen. Die als Museumsschiff in Greenwich liegende »Cutty Sark« ist weltweit der letzte noch erhaltene Klipper.

**Chinesisches Schatzschiff** *aus dem frühen 15. Jahrhundert zur Zeit des Ming Kaisers Yongle.* (Foto: Hans Karr)

Im ausgehenden 19. und am Anfang des 20. Jahrhunderts begann die Segelschifffahrt mehr und mehr an Bedeutung zu verlieren. Die windunabhängigen, technisch sicherer und zuverlässiger werdenden Dampfer übernahmen nach und nach den gesamten Seetransport. Auf Langstrecke blieben indessen die neu entwickelten Vier- und Fünfmastbarken sowie das Fünfmastvollschiff »Preussen« mit Spezialfrachten noch einige Jahre rentabel und gewinnbringend im Einsatz. Die größten Segelschiffsreedereien jener Zeit waren die französische Reederei Antoine-Dominique Bordes & Fils und die Hamburger Reederei F. Laeisz.

Die speziell für Massengüter ausgelegten Schiffe brachten bis zum Beginn des Ersten Weltkriegs hauptsächlich Salpeter von der südamerikanischen Westküste nach Europa, der hier für die Herstellung von Düngemittel und Sprengstoff benötigt wurde. Auf der Ausreise transportierten sie häufig Kohle, die zur Auffüllung der weltweit von den Dampferreedereien für ihre Schiffe angelegten Depots benötigt wurde.
Nach dem ersten Weltkrieg, als nahezu alle Reedereien ihre noch vorhandenen Segelschiffe abstießen, kam die im finnischen Mariehamn ansässige Segelschiffsreederei von Gustaf Erikson neu ins Spiel. Erikson kaufte ausschließlich die nun günstig zu erwerbende Gebrauchttonnage und fuhr die Schiffe ohne Versicherung. Nur so konnte er gewinnbringend als Reeder überleben. Seine Schiffe – es waren ja die alten »Haudegen« der Vorkriegszeit – holten zwischen den beiden Weltkatastrophen überwiegend Weizen aus Australien.

Trotz allem, die Segelschifffahrt lag in ihren letzten Zügen. Andererseits waren aber auch diese wenigen Jahrzehnte um die Jahrhundertwende schiffbaulich gesehen der technische Höhepunkt der frachtfahrenden Segelschiffe. In ihrer Konstruktion waren sie den rauen und gefährlichen Seegebieten um Kap Hoorn, die regelmäßig auf ihren Reisen passiert werden mussten, besonders gut angepasst. Die führenden Reedereien legten darüber hinaus auch großen Wert auf gutes Personal, gute Schiffspflege und gute Materialqualität bei der Ausrüstung ihrer Schiffe.

Schnelle Reisen waren, wie zuvor bei den Klippern, an der Tagesordnung. Es erhielten daher zum Beispiel die Schiffe der deutschen Reederei F. Laeisz, deren Namen alle mit dem Buchstaben »P« begannen, von der Konkurrenz den Beinamen Flying P-Liner.

Als Museumsschiffe haben einige dieser Veteranen überlebt. Die Viermastbark »Pommern« liegt im finnischen Mariehamn auf Åland. In Lübeck-Travemünde und in Hamburg sind die Viermastbarken »Passat« und »Peking« der Nachwelt erhalten geblieben. Als russisches Segelschulschiff »Kruzenshtern« ist die ehemalige Viermastbark »Padua« immer noch in Fahrt.

In der Fischerei vor Neufundland, auf den fischreichen Grand Banks, konnten sich große Segelschiffe am längsten halten. Der in diesem Buch vorgestellte Viermastgaffelschoner »Creoula« ist hierfür ein typisches Schiff. Der letzte segelnde Kabeljaufänger wurde 1973 auf den Neufundland Bänken bei einer Fangreise gesichtet.

Frachtfahrende Segelschiffe gibt es nicht mehr. Die letzten waren Ende der 1950er-Jahre die als Segelschulschiffe genutzten deutschen Viermastbarken »Pamir« und »Passat«. Geblieben sind die zahlreichen und nur zu solchem Zweck betriebenen Segelschulschiffe. Hoch geschätzt wird weltweit sowohl bei Seestreitkräften als auch bei Handelsmarinen die auf ihnen durchgeführte seemännische Ausbildung.

*Rechts:* Legendär war das Rennen von 1872 zwischen den Klippern **»Cutty Sark«** und **»Thermopylae«**, das letztere nur mit einer Woche Vorsprung gewann, weil der »Cutty Sark« das Ruder brach. (Foto: Archiv Autor)

Hier lernen die jungen Leute in großer Gemeinschaft auf engem Raum zu leben, zu arbeiten, sich einzuordnen und sich gegenseitig zu unterstützen. In der Takelage zählt nicht die Einzelperson, sondern das Team sowie Hilfsbereitschaft und Kameradschaft. Nur gemeinsam – bildlich wie tatsächlich – in gleicher Richtung an einem Tampen ziehend kann / muss man sich gegen die Naturgewalten behaupten. Die Segelschiffsausbildung ist eine den Charakter prägende Zeit für das ganze Leben. Einen ganz andersartigen Zulauf erhält in den vergangenen Jahren die heute in Fahrt befindliche Großseglerflotte durch die Touristikbranche. Kreuzfahrtschiffe unter Segeln sind im Kommen. Doch das ist nicht die wahre Welt des Segelns, eher eine Luxuswelt für gut betuchte Zeitgenossen.

Davon heben sich die zahlreichen in Fahrt gehaltenen, liebevoll und fachkundig restaurierten, historischen Traditionssegler ebenso ab wie die teilweise sogar neu gebauten Chartersegelschiffe. Mit den Einnahmen aus den Seetörns werden die Schiffe unterhalten. Sofern gewünscht, wird den zahlenden und in der Regel jungen segelbegeisterten Bordgästen – den sogenannten Trainees – eine gute Ausbildung in Seemannschaft geboten. Sozusagen gratis im Charterpreis mit enthalten ist die natürliche Erlebniswelt des Meeres und die Romantik der Seefahrt unter Segeln, die es allerdings früher auf den frachtfahrenden Seglern nie gegeben hat.

Der **Nachbau** des holländischen Ostindienfahrers **»De Amsterdam«** wird im Schifffahrtsmuseum in Amsterdam gezeigt. (Foto: Martinvl / CC-BY-SA 4.0)

Die **Viermastbark »Padua«**
war einst einer der berühmten Flying P-Liner
und fährt heute als Segelschulschiff »Kruzenshtern«
unter russischer Flagge.
(Foto: Bibliothek für Zeitgeschichte)



# *Segelschiffe*

*Sie haben das mächtige Meer unterm Bauch*
*Und über sich Wolken und Sterne.*
*Sie lassen sich fahren vom himmlischen Hauch*
*Mit Herrenblick in die Ferne.*

*Sie schaukeln kokett in des Schicksals Hand*
*Wie trunkene Schmetterlinge.*
*Aber sie tragen von Land zu Land*
*Fürsorglich wertvolle Dinge.*

*Wie das im Winde liegt und sich wiegt,*
*Tauweb überspannt durch die Wogen,*
*Da ist eine Kunst, die friedlich siegt,*
*Und ihr Fleiß ist nicht verlogen.*

*Es rauscht wie Freiheit. Es riecht wie Welt. -*
*Natur gewordene Planken*
*Sind Segelschiffe. – Ihr Anblick erhellt*
*Und weitet unsre Gedanken.*

**Joachim Ringelnatz**
*(Hans Bötticher, * 7. August 1883, † 17. November 1934)*
*Seemann, Marineoffizier, Schriftsteller, Kabarettist, Maler*

**Zahlreiche Segelschulschiffe** haben während der Sail 2015 in Bremerhaven festgemacht. (Foto: Hans Karr)

# Giganten unter Segeln

*Ein außergewöhnlicher Blick vom Bug auf den Dom von Segeln der* ***»Royal Clipper«****. (Foto: Monique Allard Jobé / CC-BY-SA 3.0)*

# Fünfmastbark »*France*«

01

## »France«

| | |
|---|---|
| **Schiffstyp** | *Fünfmastbark* |
| **Flaggenstaat** | *Frankreich* |
| **Bauwerft** | *D. & W. Henderson & Son, Glasgow, England* |
| **Stapellauf** | *2. September 1890* |
| **Vermessung** | *3784 BRT* |
| **Länge x Breite x Tiefgang** | *133 x 14,83 x 6,50 m* |
| **Besatzung** | *45* |
| **Segelanzahl/Segelfläche** | *42/ 4520 m²* |
| **Antrieb/Antriebsleistung** | *ohne* |
| **Geschwindigkeit** | *17 kn* |

*02*

*03*

Als Konkurrent zu den deutschen Großsegler, insbesondere zu den Flying P-Liner der Reederei F. Laeisz, ließ die in Dünkirchen ansässige französische Reederei Antoine-Dominique Bordes & Fils in Glasgow auf der Werft D. & W. Henderson & Son eine Fünfmastbark bauen. Dieser Schiffstyp war sogar in der Seefahrernation England etwas vollkommen Neues und in der damaligen Schifffahrtswelt eine große Überraschung. Das am 2. September 1890 vom Stapel gelaufene und auf den Namen »France« getaufte Schiff war nicht nur das größte Segelschiff der Welt, sondern zugleich auch weltweit der erste Großsegler mit fünf Masten. Um die Jahrhundertwende vom 19. in das 20. Jahrhundert sollten lediglich nur noch sechs weitere Fünfmastsegelschiffe folgen.

Die Fünfmastbark »France« war für die Salpeterfahrt von Chile nach Europa bestimmt. Bei der Ausreise sollte das Schiff Kohle nach Brasilien transportieren. Die Ladefähigkeit für den seiner Zeit in Europa so gesuchten Salpeter – er diente hier der Herstellung von Düngemitteln und von Sprengstoff – betrug 5500 Tonnen. Um gegebenenfalls sichere Ballastreisen zu gewährleisten, war die »France« mit Ballasteinrichtungen und Doppelbodentanks ausgerüstet. Des Weiteren war der Segler mit vier Dampfwinden ausgestattet, die sowohl zum Umschlagen der Ladung wie auch zur Segelbedienung genutzt werden konnten.

Über zehn Jahre blieb die Fünfmastbark »France« in ihrem Fahrt- und Frachtgebiet im Einsatz. Sie bewährte sich gut und legte schnelle Reisen zurück. Im Mai 1901 befand sich das mit Kohle für Rio de Janeiro beladene Schiff mal wieder auf dem Weg nach Valparaiso. Vor dem Rio de la Plata geriet es jedoch durch die in einem Pampero verrutschende Kohleladung in Seenot. Am 14. Mai 1901 musste der Kapitän auf Position 34° S und 48° W sein Schiff aufgeben. Die deutsche Viermastbark »Hebe« konnte die gesamte Besatzung an Bord nehmen. Ein solch tragisches Ende sollte sich auch bei den anderen sechs Fünfmastseglern – »Maria Rickmers«, »Potosi«, »Preussen«, »R. C. Rickmers«, »France« (II) und »København« – wiederholen. Sie gingen ebenfalls durch Unglücksfälle verloren.

*01 Die Fünfmastbark **»France«** im Hafen von Dünkirchen. (Fotos: Archiv Autor)*

*02 Die Fünfmastbark »France« unter einem **Dom von Segeln.***

*03 Die Fünfmastbark **»France«** wird von **Schleppern** an ihren Liegeplatz gebracht.*

# Fünfmastbark *»Maria Rickmers«*

01

## »Maria Rickmers«

| | |
|---|---|
| **Schiffstyp** | *Fünfmastbark* |
| **Flaggenstaat** | *Deutschland* |
| **Bauwerft** | *Russell & Co., Glasgow, England* |
| **Stapellauf** | *18. Dezember 1891* |
| **Vermessung** | *3822 BRT* |
| **Länge x Breite x Tiefgang** | *135 x 14,63 x 7,20 m* |
| **Besatzung** | *38* |
| **Segelanzahl/Segelfläche** | *44/5300 m²* |
| **Antrieb/Antriebsleistung** | *1 x Dampfmaschine/1 x 750 PS* |
| **Geschwindigkeit** | *15 kn (Segel)/8 kn (Dampfmaschine)* |

01 *Die Fünfmastbark* **»Maria Rickmers«** *mit festgemachten Segeln unter Dampfantrieb unterwegs. (Foto: Archiv Autor)*

Sozusagen als Antwort auf den Bau der französischen Fünfmastbark »France« gab die deutsche Rickmers Reismühlen, Rhederei- und Schiffbau AG in Bremerhaven bei der Werft Russell & Co. in Glasgow den Bau der Fünfmastbark »Maria Rickmers« in Auftrag. Das Schiff lief am 18. Dezember 1891 vom Stapel. Benannt wurde der Segler nach der Ehefrau von Peter Rickmers, einer der Firmeneigner.

An Schiffsgröße übertraf die »Maria Rickmers« die »France« und wurde damit zum größten Segelschiff ihrer Zeit. Dies sollte jedoch nur von kurzer Dauer sein. Schon im Juli 1892 ging der Segler verloren. Er hatte die kürzeste Lebensspanne aller sieben Fünfmastsegelschiffe.

Das Besondere an der Fünfmastbark war ihr Hilfsantrieb, der aus einer Drei-Zylinder-Dampfmaschine von 750 PS bestand und für die Flauten- und Revierfahrt gedacht war. Deren Platz- und Raumbedarf sowie die mitzuführenden 600 Tonnen an Kohlevorrat gingen zulasten der Ladefähigkeit, die sich somit auf 5300 Tonnen reduzierte. Außerdem benötigte die Maschine für Wartung und Betrieb zwei Heizer, zwei Kohlentrimmer und zwei Maschinisten an zusätzlichem Personal. Markantes Kennzeichen des Schiffes war ein großer Schornstein zwischen Kreuz- und Besanmast. Die »Maria Rickmers« führte als einziger der sieben Fünfmaster Skysegel. Sie waren am Fock-, Groß- und Mittelmast vorhanden.

Die Fünfmastbark »Maria Rickmers« machte nur eine Reise. Von Bremerhaven segelte sie Anfang März 1892 in Ballast nach Barry in Wales und lud dort eine Kohleladung mit Order für Singapur. Dort verstarb der Kapitän und der Erste Offizier übernahm das Kommando über das Schiff. Nach Löschung der Kohleladung verholte die Fünfmastbark nach Saigon. Mit 57.000 Sack Reis sollte es zurück nach Bremerhaven gehen. Doch hier kam die »Maria Rickmers« nie an.

Nach dem Passieren der Sunda-Straße, wo sie zuletzt gesichtet wurde, verliert sich seit dem 24. Juli 1892 jede Spur. Die Fünfmastbark »Maria Rickmers« wurde als verschollen erklärt.

# Fünfmastbark »*Potosi*«

## »Potosi«

| | |
|---|---|
| **Schiffstyp** | *Fünfmastbark* |
| **Flaggenstaat** | *Deutschland* |
| **Bauwerft** | *Joh. C. Tecklenborg, Geestemünde, Deutschland* |
| **Stapellauf** | *8. Juni 1895* |
| **Vermessung** | *4026 BRT* |
| **Länge x Breite x Tiefgang** | *132,89 x 15,15 x 7,77 m* |
| **Besatzung** | *40* |
| **Segelanzahl/Segelfläche** | *42/4700 m²* |
| **Antrieb/Antriebsleistung** | *ohne* |
| **Geschwindigkeit** | *17 kn* |

02

*01 Die Fünfmastbark* ***»Potosi«*** *im Hafen. (2 Fotos: Archiv Autor)*

*02 Vom Wind getrieben jagt die Fünfmastbark* ***»Potosi«*** *durch stürmische See.*

Nach den Fünfmastbarken »France« und »Maria Rickmers« war die »Potosi« der dritte weltweit gebaute Fünfmaster. Die Hamburger Reederei F. Laeisz gab das Schiff bei der Schiffswerft Joh. C. Tecklenborg in Geestemünde in Auftrag, wo es am 8. Juni 1895 vom Stapel lief. Der ständig in Europa gestiegene Verbrauch von Salpeter zwang damals die Reederei, ihre Transportkapazitäten zu erhöhen, um weiterhin in dem gewinnbringenden Geschäft zu bleiben und gegenüber der Konkurrenz mithalten zu können. Die »Potosi« war bis zur Indienststellung des Fünfmastvollschiffes »Preussen« im Jahre 1902 das größte Segelschiff der Welt. Der Schiffsname geht zurück auf die bolivianischen Bergwerksstadt Potosi.

Die »Potosi«, die 6100 Tonnen Salpeter laden konnte, wurde eines der schnellsten Segelschiffe der Welt. Sie machte regelmäßig kurze Reisen. Eine Rekordfahrt konnte das Schiff im Jahre 1903 für sich verbuchen. Von Iquique nach Lizard war die »Potosi« nur 57 Tage unterwegs. Ihr bestes Etmal erreichte sie unter ihrem ersten Kapitän, dem legendären Robert Hilgendorf, vom 10. auf 11. Mai 1900 mit 376 Seemeilen. Das entspricht über 24 Stunden einer Durchschnittsgeschwindigkeit von 15,7 Knoten. Die »Potosi« hatte zu diesem Zeitpunkt innerhalb von nur fünf Tagen das Kap Hoorn von Ost nach West umrundet und musste nun Weg nach Norden gut machen. Stetig wehende südöstliche Winde in Stärke von neun und zehn Beaufort hatten diesen Rekord dann möglich gemacht. Zum Vergleich: Die damaligen Handelsdampfer brachten es gerade mal auf knapp 10 Knoten.

Hinsichtlich der Schnelligkeit der »Potosi« ist nachfolgende und durchaus glaubwürdige Geschichte überliefert: »Auf einer Heimreise segelte die »Potosi« neben einem englischen Dampfer. Das Wetter war diesig, und so verlor man sich aus den Augen. Am Nachmittag des zweiten Tages übernahm der Dampfer in der Elbmündung den Lotsen. Der englische Kapitän erzählte, dass er die »Potosi« vor dem Kanal getroffen habe. »Sie ist ein schnelles Schiff«, meinte er, »und bei gutem

03

04

Wind könne sie vielleicht heute Abend schon hier sein«. »Sie haben recht, Sir«, antwortete der Lotse amüsiert, »sie ist ein schnelles Schiff und daher schon heute früh eingelaufen«. (zitiert nach Hintermeyer, *Die See war ihr Zuhause,* Seite 161).

An dieser Stelle sei auch an ein Rennen zwischen den Fünfmastbarken »France« und »Potosi« erinnert, das Oliver E. Allen in seinem Buch *Die Windjammer* auf Seite 82 wie folgt beschreibt: »Im Jahre 1896 lieferten sich die ‚France' und die ‚Potosi' ein Rennen, bei dem beide Schiffe praktisch gleich abschnitten. Die ‚France' beendete die Ausreise nach Iquique in 74 Tagen, die ‚Potosi' brauchte dafür 75 Tage. Die Heimreise bewältigte die ‚France' in 71 und die ‚Potosi' in 69 Tagen. Die Firmenleitungen von Bordes und Laeisz, die von Paris und Hamburg aus die Rennen verfolgten, ermunterten ihre Kapitäne zu solchen Wettbewerben und zahlten ihnen Siegesprämien. Nur wenige andere Firmen hatten bei solchen Rennen eine Chance. (...) Tatsächlich entwickelte sich auch beträchtliche Rivalität zwischen den beiden Firmen, und die Besatzungen ihrer Schiffe versuchten auf jeder Überfahrt – halb im Scherz, halb im Ernst – die Rekorde des Konkurrenten zu unterbieten.«

Auf der letzten Reise unter deutscher Flagge erreichte die »Potosi« im September 1914 Valparaiso. Mittlerweile war jedoch der Erste Weltkrieg ausgebrochen und das Schiff wurde interniert. Es folgte eine mehrjährige Liegezeit bis 1920. Die Reederei F. Laeisz verkaufte bereits 1917 das in Chile liegende Schiff an die Bremer Reederei F. A. Vinnen. Allerdings musste der Fünfmaster drei Jahre später als Reparationsleistung an Frankreich ausgeliefert werden.

Durch Weiterverkauf gelangte die »Potosi« an einen chilenischen Reeder und wurde in »Flora« umbenannt.

Am 15. September 1925 wird auf der mit Kohle beladenen Fünfmastbark »Flora« ex »Potosi« nordwestlich der Falklandinseln Feuer im Schiff entdeckt. Die Löschversuche der Besatzung schlugen fehl. Trotz aller Schwierigkeiten gelingt es noch die argentinischen Küstengewässer bei Commodoro Rivadavia zu erreichen. Dort missglücken allerdings die Abschleppversuche. Das brennende Schiff strandet und wird von der Besatzung verlassen. Allerdings treibt das immer noch brennende Wrack später wieder vom Strand ab und wird zum Schifffahrtshindernis. In Folge versenkte der argentinische Kreuzer »Patria« am 19. Oktober 1925 auf ungefährer Position 45° S und 66° W die ehemalige »Potosi« mit Geschützfeuer.

05

06

*03 Die Fünfmastbark »Potosi«* **unter vollen Segeln**. *(Foto: George Schutze)*

*04 Die Fünfmastbark »Potosi« war auch ohne Segel* **ein imposanter Anblick**. *(3 Fotos: Archiv Autor)*

*05 Die im Ballast fahrende Fünfmastbark* **»Potosi«.**

*06 Die Fünfmastbark »Potosi« auf einer* **Gemäldedarstellung**.

# Fünfmastvollschiff »*Preussen*«

01

## »Preussen«

| | |
|---|---|
| **Schiffstyp** | *Fünfmastvollschiff* |
| **Flaggenstaat** | *Deutschland* |
| **Bauwerft** | *Joh. C. Tecklenborg, Geestemünde, Deutschland* |
| **Stapellauf** | *7. Mai 1902* |
| **Vermessung** | *5081 BRT* |
| **Länge x Breite x Tiefgang** | *147,00 x 16,34 x 8,26 m* |
| **Besatzung** | *48* |
| **Segelanzahl/Segelfläche** | *47/5560 m²* |
| **Antrieb/Antriebsleistung** | *ohne* |
| **Geschwindigkeit** | *17 kn* |

Insbesondere in Deutschland entstanden im ausgehenden 19. und Anfang des 20. Jahrhunderts eine Reihe von Großseglern, die man im heutigen Sprachgebrauch als High-Tech-Schiffe bezeichnen würde. Von der Hamburger Reederei F. Laeisz betrieben, sind diese schnellen und robusten Schiffe wegen ihrer einheitlich mit dem Buchstaben »P« beginnenden Schiffsnamen als Flying P-Liner in die Seefahrtsgeschichte eingegangen.

Im Jahre 1902 wurde auf der Schiffswerft Joh. C. Tecklenborg in Geestemünde mit der »Preussen« der größte dieser legendären Flying P-Liner gebaut. Das Schiff lief am 7. Mai 1902 vom Stapel. Es war zugleich das einzige Fünfmastvollschiff der Seefahrtsgeschichte, aber nicht, wie so oft geschrieben, das größte Segelschiff. Diese Ehre kommt wiederum der zweiten französischen Fünfmastbark »France« zu.

01 *Ein Blick* **von achtern** *nach vorne über das Oberdeck der* **»Preussen«** *zeigt die Vielfältigkeit des umfangreichen stehenden und laufenden Gutes. (2 Fotos: Archiv Autor)*

02 *Das* **Fünfmastvollschiff »Preussen«** *im Hafen.*

02

03

04

Der Frachtsegler war nur schwer mit der Hand zu steuern. Er erhielt deshalb eine mit Dampf betriebene Rudermaschine eingebaut. Zwei Kessel lieferten den benötigten Dampf und versorgten zudem noch die Ankereinrichtung und die Ballastpumpen. Jeder Mast besaß für die drei untersten Rahen eine handbetriebene Brasswinde, was bei Segelmanövern die Kräfte der Besatzung enorm schonte. Die Gesamtlänge des stehenden Gutes belief sich auf 10.800 Meter, die des laufenden Gutes auf 17.300 Meter. In der Takelung waren nochmals 700 Meter an Ketten eingebaut. Weitere 3000 Meter Taue waren zusätzlich als Reserve an Bord. Die gesamte Mannschaft wohnte – für damalige Segelschiffsverhältnisse recht komfortabel – im Brückenhaus. Das sehr robust gebaute Schiff verfügte über fünf Luken und konnte in seinen Laderäumen rund 8000 Tonnen an Fracht mitnehmen. Sein Gesamtgewicht belief sich dann auf 11.150 Tonnen.

03 **Ein Segelschiff unter Dampf.** *Beide Schornsteine der Dampfanlage, die für die Rudermaschine, Ankereinrichtung und Ballastpumpen vorhanden waren, qualmen um die Wette (Foto: Archiv Autor)*

04 *Das* **Fünfmastvollschiff »Preussen«** *bot unter vollen Segeln einen majestätischen Anblick. (Foto: Allan C. Green)*

Die schnellste Reise der »Preussen« betrug vom Ausgang des Englischen Kanals um Kap Hoorn nach Iquique in Chile nur 58 Tage, eine Zeit, die von keinem Schiff auf dieser Strecke wieder gesegelt wurde. Auch die damaligen Dampfer konnten hier nicht mithalten. Die längste Reise führte in Charter für die Standard Oil Company von Hamburg über New York, Yokohama, Taltal und wieder zurück nach Cuxhaven. Vom 10. März 1908 bis zum 5. April 1909 war die »Preussen« auf dieser Weltumrundung unterwegs gewesen. Insgesamt 13 erfolgreiche Reisen machte die »Preussen« bis 1910.
Am 31. Oktober 1910 begann in Hamburg die 14. Fahrt. Mit Stückgut sollte es nach Valparaiso gehen und mit Salpeter zurück nach Hamburg. Doch das Schicksal wollte es anders.

Am 6. November wurden auf der »Preussen« im Englischen Kanal in Höhe von Beachy Head bei diesigem Wetter Steuerbord voraus in geschätzter Entfernung von zwei Seemeilen Dampferlichter ausgemacht. Zunächst scheint alles klar zu gehen. Doch der Dampfer – wie sich später herausstellen sollte, handelte es sich um die englische Kanalfähre »Brighton« mit Zielhafen Dieppe – ändert seinen Kurs. Die Geschwindigkeit des Seglers folgenschwer unterschätzend will die ausweichpflichtige Fähre die »Preussen« regelwidrig vor dem Bug passieren statt, wie es die Seestraßenordnung vorschreibt, hinter dessen Heck den Kurs zu kreuzen und so das Wegerecht des Seglers zu beachten. Es kommt zu einer Kollision.
Der weit vorragende stählerne Klüverbaum der »Preussen« reißt den vorderen Mast und den vorderen Schornstein des Dampfers um und knickt danach ein. Der Steven des Segelschiffes trifft die Bordwand der Fähre. Teile der vorderen Takelage kommen herab und am Vorschiff platzen Nieten, was zu einem Wassereinbruch führt. Glücklicherweise hält das Kollisionsschott. Beide Schiffe kommen wieder frei und bleiben schwimmfähig.

Die manövrierbehinderte »Preussen« sollte in einen Nothafen gebracht werden. Doch bei dem aufkommenden Wind konnten die drei zur Hilfe genommenen Schlepper den großen Segler mit seinem starken Windfang nicht halten. Die Schleppleinen brachen und das Fünfmastvollschiff »Preussen« strandete auf den Klippen von Dover. Versuche das Schiff abzubergen blieben erfolglos, und der größte Flying P-Liner wurde so zum Totalverlust.
Allerdings konnten Teile der Ladung, die unter anderem aus wertvollen Klavieren bestand, abgeborgen werden. Auch von der Besatzung kam niemand zu Schaden. In den Folgejahren zerschlugen Sturm und Brandung nach und nach das einst so stolze und majestätische Fünfmastvollschiff.

05

06

05 *Das vermutlich wohl recht zeitnah nach der* ***Havarie*** *aufgenommene Bild zeigt den hilflos auf den Klippen bei Dover liegenden Fünfmaster.*

06 *Die Fünfmastvollschiff* ***»Preussen«*** *blieb endgültig als Wrack auf den Klippen von Dover liegen und verfiel im Laufe der Zeit durch die Einwirkung von Sturm und Brandung. (Fotos: Archiv Autor)*

# Fünfmastbark »*R.C.Rickmers*«

01

## »R. C. Rickmers«

| | |
|---|---|
| **Schiffstyp** | *Fünfmastbark* |
| **Flaggenstaat** | *Deutschland* |
| **Bauwerft** | *Rickmers Reismühlen, Rhederei- und Schiffbau AG, Geestemünde, Deutschland* |
| **Stapellauf** | *8. Februar 1906* |
| **Vermessung** | *5548 BRT* |
| **Länge x Breite x Tiefgang** | *146 x 16,30 x 8,20 m* |
| **Besatzung** | *45* |
| **Segelanzahl/Segelfläche** | *38/6045 m²* |
| **Antrieb/Antriebsleistung** | *1 x Dampfmaschine/1 x 1000 PS* |
| **Geschwindigkeit** | *16 kn (Segel)/9 kn (Dampfmaschine)* |

02

Die Fünfmastbark »R. C. Rickmers« war der vierte deutsche und weltweit der fünfte Fünfmastrahsegler. Gebaut wurde das Schiff für die Bremerhavener Rickmers Reismühlen, Rhederei- und Schiffbau AG auf der hauseigenen Werft in Geestemünde. Der Stapellauf erfolgte am 8. Februar 1906. Der Segler sollte die 14 Jahre zuvor auf ihrer Jungfernreise verschollene Fünfmastbark »Maria Rickmers« ersetzen. Der Schiffsname geht zurück auf den Firmengründer Rickmer Clasen Rickmers (1807–1886).

Genau wie die »Maria Rickmers« war auch die »R. C. Rickmers« mit einer Dampfmaschine – auch als »Flautenschieber« bezeichnet – ausgerüstet, um auch bei Windstille voranzukommen und bei Revierfahrt eigenständig manövrierfähig zu sein. Ein groß dimensionierter Schornstein vor dem Kreuzmast prägte das Aussehen der Fünfmastbark. Die maximale Ladekapazität von 7900 Tonnen war allerdings zwangsläufig durch den für die Dampfmaschine mitzunehmenden Bunkervorrat an Kohle um 600 Tonnen reduziert. Von der Vermessung her war die Fünfmastbark etwas größer als das Fünfmastvollschiff »Preussen«.

Das Fahrtgebiet der Fünfmastbark »R. C. Rickmers« lag überwiegend im Fernen Osten sowie an der Westküste von Nord- und Südamerika. Bei der Ausreise transportierte das Schiff Kohle von Europa in sein Zielgebiet. Dies war damals auf der Ausreise eine gängige und sich lohnende Fracht für die Segelschiffe, da alle Reedereien für ihre Dampfer weltweit Kohledepots unterhielten und hierfür ständig Nachschub benötigten. Auf der Rückreise war Reis für die Bedürfnisse der eigenen Reismühlen eine ständige Ladung der »R. C. Rickmers«.

03

01 **Die Fünfmastbark »R. C. Rickmers«** *als Ankerlieger. (3 Fotos: Archiv Autor)*

02 *Mit* **schwarz qualmendem Schornstein** *unterstützt die Dampfmaschine das Fortkommen der unter Vollzeug fahrenden Fünfmastbark »R. C. Rickmers«.*

03 *Die Fünfmastbark »R. C. Rickmers« ist* **ohne Segel** *mit dem Dampfantrieb unterwegs.*

04

05

06

07

08

*04 Die Fünfmastbark »R. C. Rickmers«* **unter voller Besegelung.** *(Foto: C.M. Knight-Smith)*

*05 Ein* **Blick übers Oberdeck** *von achtern nach vorn. (3 Fotos: Archiv Autor)*

*06/07 Ein Blick übers Oberdeck der »R. C. Rickmers« in* **Richtung Achterschiff.**

*08 Die Fünfmastbark »R. C. Rickmers« unter Segeln* **in bewegter See**.

Der Betrieb und der Unterhalt der Fünfmastbark war – insbesondere wegen des Hilfsantriebs – für die Reederei recht teuer und unwirtschaftlich. Zum Beispiel musste für die Maschine zusätzliches Personal – je zwei Maschinisten, Kohlentrimmer und Heizer – angeheuert werden. So entschloss man sich, den Segler zum Schulschiff umzubauen und in Zweitverwendung für die Ausbildung des eigenen seemännischen und nautischen Nachwuchses zu nutzen.

Die erste Reise in dieser Funktion ging im Sommer 1914 nach Cardiff an der englischen Südwestküste, um Kohle für Fernost zu laden. Dort wurde das Schiff vom Ausbruch des Ersten Weltkriegs überrascht und in Folge von England beschlagnahmt.

Noch während des Krieges brachten die Engländer das Schiff unter dem neuen Namen »Neath« wieder in Fahrt. Allerdings hatte die britische Mannschaft Probleme das Schiff zu führen. In England fehlte mittlerweile schlichtweg die Erfahrung mit dem Betrieb von solchen Großseglern.

Von Mauritius mit einer Ladung Zucker kommend, schlug am 27. März 1917 das Schicksal zu. Etwa 28 Seemeilen vor der der irischen Südküste wurde die ehemalige »R. C. Rickmers« durch das deutsche U-Boot »U 66« versenkt.

# Fünfmastbark »*France*«

01

## »France«

| | |
|---|---|
| **Schiffstyp** | *Fünfmastbark* |
| **Flaggenstaat** | *Frankreich* |
| **Bauwerft** | *Chantiers et Ateliers de la Gironde, Bordeaux, Frankreich* |
| **Stapellauf** | *9. November 1911* |
| **Vermessung** | *5633 BRT* |
| **Länge x Breite x Tiefgang** | *146,50 x 16,96 x 8,50 m* |
| **Besatzung** | *45* |
| **Segelanzahl/Segelfläche** | *38/6350 m²* |
| **Antrieb/Antriebsleistung** | *2 x Dieselmotor/2 x 950 PS* |
| **Geschwindigkeit** | *17 kn (Segel)/10 kn (Motor)* |

Die französische Fünfmastbark »France« war mit 5633 BRT der größte je gebaute Rahsegler. Entstanden ist der Großsegler auf der Werft Chantiers et Ateliers de la Gironde in Bordeaux. Auftraggeber und Eigner war die französische Reederei Prentout-Leblond, Leroux et Compagnie in Rouen. Der Stapellauf fand am 9. November 1911 statt. Um Verwechselungen mit der 1890 gebauten und 1901 gesunkenen Fünfmastbark »France« zu vermeiden, werden die beiden französischen Fünfmaster auch häufig als »France I« und »France II« bezeichnet.

Anfänglich war die »France« mit zwei Dieselmotoren ausgerüstet. Mit jeweils 950 PS Leistung ermöglichten sie dem Schiff über zwei Wellen eine Geschwindigkeit von zehn Knoten. Da die Motoren aber keine guten Resultate lieferten, wurden sie 1919 wieder ausgebaut. Durch diese Maßnahme verbesserten sich die Segeleigenschaften des Schiffes erheblich.

02

03

*01 Die Fünfmastbark* ***»France«*** *war bis 1919 mit Dieselmotoren ausgerüstet. Man beachte auf der Abbildung den rauchenden Schornstein. (2 Fotos: Archiv Autor)*

*02 Die Fünfmastbark »France«* **unter voller Besegelung**.

*03 Die Fünfmastbark »France«* **als Ankerlieger**. *(Foto: Allan C. Green)*

Hinsichtlich der Takelage ist erwähnenswert, dass die »France« an den Masten keine Royalsegel führte, sondern nur fünf Segel. Diese Form in der Auslegung der Takelage wird auch als »jubilee-rigg« bezeichnet. Das größte Etmal, das die Fünfmastbark jemals zurückgelegt hat, betrug 420 Seemeilen. Diesen Rekord fuhr sie im Jahr 1921.
Im November 1916 wechselte die »France« durch Verkauf den Besitzer. Die ebenfalls in Rouen ansässige Reederei Compagnie Française de Marine et de Commerce wurde neuer Eigner. Das Schiff erhielt am Bug und am Heck je ein 9-cm-Geschütz eingerüstet, da es während des Ersten Weltkriegs in Fahrt bleiben sollte.

In dieser Phase ihres Schiffslebens retteten die Dieselmotoren der Fünfmastbark einmal das Leben. Mit einer Kohleladung war die »France« auf dem Weg von Glasgow nach Montevideo, als am Abend des 28. Februar 1917 nordwestlich vom Kap Finistère plötzlich Schüsse vor den Bug krachten. In der Dämmerung konnte die »France« jedoch dem deutschen U-Boot, welches das Schiff aufstoppen und kontrollieren wollte, entkommen. Als feindlichem Handelsschiff hätte dann die Versenkung gedroht. Obwohl die »France« ein schneller Segler war, wäre wohl mit dem Segelantrieb alleine das Entkommen nicht so einfach möglich gewesen.

Das Einsatzgebiet der Fünfmastbark war von Anfang an die Nickelfahrt nach Neukaledonien, eine zu Frankreich gehörende Inselgruppe im Südpazifik mit großen Nickelerzvorkommen. Bei der Ausreise transportierte die »France«, wie damals in der Segelschifffahrt allgemein üblich, meist Kohle. Auf der Heimreise waren neben Nickelerz auch andere typische Produkte aus der Südsee und Australien, wie zum Beispiel Wolle und Weizen, als Fracht an Bord. Rund 7000 Tonnen an Transportgut konnte in den riesigen Frachträumen gestaut werden.

04

Neben der Frachtladung war die »France« auch für die Mitnahme von zahlenden Passagieren eingerichtet. Dafür standen sieben Kabinen in der I. Klasse zur Verfügung. Außer gutem Komfort während der Reise gab es einen exzellent ausgestatteten Salon, eine Bibliothek und für Fotografen eine bordeigene Dunkelkammer.
Bis 1922 blieb die Fünfmastbark »France« in ihrem angestammten Fahrtgebiet in Fahrt, bevor sie ihr Ende durch Strandung fand. »In der Nacht vom 11. auf 12. Juli 1922 lief das Schiff etwa 60 Seemeilen von Noumea / Neukaledonien entfernt bei Coya auf ein Korallenriff. Eine Rettung des Fünfmasters wäre nach Meinung mehrerer Fachleute absolut möglich gewesen, doch die Versicherer überließen die Einheit im Dezember 1922 für 2000 Pfund einer örtlichen Abwrackunternehmung.« (zitiert nach Furrer, *Die Vier- und Fünfmast-Rahsegler der Welt*, Seite 93).

Der Grund für die Aufgabe des Schiffes waren wohl die damals dramatisch sinkenden Frachtraten. Unter finanziellen Gesichtspunkten lohnte sich folglich ein Abbergen des Schiffes nicht. Der Rumpf blieb noch bis zum Jahr 1944 auf dem Riff liegen. Dann diente er den Amerikanern als Übungsziel für Bombenabwürfe.

05

06

07

*04 Fünfmastbark* **»France«**. *(4 Fotos: Archiv Autor)*

*05 Die Fünfmastbark »France«, vermutlich in einem* **Zielhafen** *auf Ladung wartend.*

*06 Die Fünfmastbark »France« als Motiv auf einer* **Briefmarke** *der französischen Post.*

*07 Die Fünfmastbark »France« auf einer* **Postkarten-darstellung**.

# Fünfmastbark »København«

## »København«

| | |
|---|---|
| **Schiffstyp** | *Fünfmastbark* |
| **Flaggenstaat** | *Dänemark* |
| **Bauwerft** | *Ramage & Ferguson, Leith, England* |
| **Stapellauf** | *24. März 1921* |
| **Vermessung** | *3901 BRT* |
| **Länge x Breite x Tiefgang** | *131,94 x 14,94 x 8,14 m* |
| **Besatzung / Kadetten** | *15/45* |
| **Segelanzahl/Segelfläche** | *43/4644 m²* |
| **Antrieb/Antriebsleistung** | *1 x Dieselmotor/x 508 PS* |
| **Geschwindigkeit** | *16 kn (Segel)/6 kn (Motor)* |

02

*01 Die Fünfmastbark* ***»København«*** *vermutlich mit Motorkraft bei ruhiger See unterwegs. (2 Fotos: Allan C. Green)*

*02 Die Fünfmastbark »København« unter* **vollen Segeln** *bei ruhiger See.*

Die dänische Fünfmastbark »København« ist der siebte und letzte der weltweit gebauten Fünfmastfrachtsegler. Er hat eine etwas ungewöhnliche Baugeschichte. Beauftragt wurde das Schiff von der Reederei A/S Det Ostasiatiske Kompagni København in Kopenhagen. Bauwerft war Ramage & Ferguson im schottischen Leith. Dort lief der Rumpf 1914 vom Stapel. Durch den Ausbruch des Ersten Weltkrieges kam es zum Baustopp und England beschlagnahmte das im Ausbau befindliche Schiff. Unter dem Namen »Black Dragon« diente der unfertige Segler in Gibraltar als Hulk. Der Auftrag an die Werft blieb jedoch weiterhin bestehen, so dass nach dem Krieg ein neues Schiff auf Kiel gelegt wurde. Am 24. März 1921 lief dann der zweite Rumpf vom Stapel und erhielt den Namen »København«.

Die Fünfmastbark »København« war mit einem Dieselmotor ausgerüstet, der ihr allerdings mit seinen 508 PS nur eine mäßige Geschwindigkeit von sechs Knoten ermöglichte. Dem standen bei gutem Wind unter Segeln 16 Knoten gegenüber.

Als Frachtsegler konnte die »København« 5000 Tonnen laden und diente zugleich für den Offiziersnachwuchs als Schulschiff. Das Schiff kam weltweit zwischen Europa, Südamerika, Ostasien und Australien zum Einsatz. Insgesamt machte es neun Reisen, davon einige Weltumsegelungen, bevor es Anfang 1929 auf der zehnten Fahrt verschollen ist.

Die Fünfmastbark »København« war mit Ladung von Dänemark nach Buenos Aires unterwegs. Dort fand sich aber keine Folgefracht für Australien, wo sie Getreide laden sollte. Unter Ballast verließ das Schiff am 14. Dezember 1928 die La-Plata-Mündung. Eine Woche später hatte die »København« nochmals Funkverbindung mit dem norwegischen Dampfer »Wilhelm Blume«. Demnach war an Bord alles wohlauf. Rund 1000 Seemeilen hatte die Fünfmastbark bis dahin zurückgelegt und stand damit schon im Bereich der Region um Kap Hoorn. Danach hat man von der als überaus seetüchtig geltenden »København« nichts mehr gehört. Über Funk hatte sich das Schiff auch nicht mehr gemeldet. In Australien, das in etwa 55 Reisetagen erreichbar gewesen wäre, ist es nie angekommen.

Am 21.März 1929 wird die Fünfmastbark »København« als überfällig erklärt. Die Reederei scheute keine Mühen und Kosten um das Schicksal ihres Seglers aufzuklären.

03

04

05

Eine beispiellose Suchaktion wurde gestartet. Alle auf dem Weg liegenden Inseln und Seegebiete wurden vergeblich nach Überlebenden oder Wrackteilen abgesucht. Doch eine Spur von dem Fünfmaster war nirgendwo zu finden. Nach einem Jahr gab man schließlich die Suche auf.

Zwischenzeitlich wurden im Oktober 1929 in der Seeamtsverhandlung zwei aber nicht nachweisbare Theorien für den Verlust des Schiffes angestellt. Zum einen könnte es bei Nacht oder schlechter Sicht zu einer Kollision mit einem Eisberg oder einem anderweitigen Hindernis gekommen sein. Zum anderen könnte ein plötzlich umspringender Wind in Sturmstärke, der von Lee kommend die Segel back gedrückt hätte – ein Bergen der Segel ist dann unmöglich – das in Ballast fahrende Schiff zum Kentern gebracht haben.

Beide Unglücksvarianten sind bei den Wetterverhältnissen in dieser Gegend durchaus als realistisch anzusehen. Beide wären auch sehr schnell über das Schiff hereingebrochen, sodass keine Möglichkeit bestanden hätte, noch eine SOS-Notmeldung zu funken. Beweisen lässt sich weder die eine noch die andere Version zum Unglück.

03 *Die Fünfmastbark »København« auf einer* **Gemäldedarstellung** *von Peder Christian Pedersen. (Foto: Peder Christian Pedersen / CC-BY-SA 4.0)*

04 *Die Fünfmastbark »København« als* **Hafenlieger**. *(Foto: Archiv Autor)*

05 **Bugansicht** *der Fünfmastbark »København«. Die Galionsfigur stellt einen Wikinger in wehrhafter Pose dar. Wäsche hängt zum Trocknen auf der Wäscheleine. Man beachte auch die an den Festmacherleinen angebrachten Rattenbleche, die das an Bord kommen derselben verhindern sollen. (Foto: Allan C. Green)*

06

07

*06 Die Fünfmastbark »København«* **im Hafen an der Pier**.
*(Foto: Allan C. Green)*

*07 Die Fünfmastbark »København« auf einer* **Gemäldedarstellung von Christian Mølsted.** *(Foto: Christian Molsted)*

# Fünfmastvollschiff *»Royal Clipper«*

01

## »Royal Clipper«

| | |
|---|---|
| **Schiffstyp** | *Fünfmastvollschiff* |
| **Flaggenstaat** | *Malta* |
| **Bauwerften** | *Stocznia Gdanska, Danzig, Polen, Scheepswerf De Merwede BV, Merwede, Niederlande* |
| **Schiffstaufe** | *28. Juli 2000* |
| **Vermessung** | *4425 BRZ* |
| **Länge x Breite x Tiefgang** | *134,80 x 16,50 x 5,60 m* |
| **Besatzung / Passagiere** | *106/227* |
| **Segelanzahl/Segelfläche** | *42/5050 m²* |
| **Antrieb/Antriebsleistung** | *2 x Dieselmotor/2 x 2500 PS* |
| **Geschwindigkeit** | *17 kn (Segel)/13,5 kn (Motor)* |

Für die schwedische Kreuzfahrtreederei Star Clippers Ltd. wurde am 28. Juli 2000 ein fünfmastiges Luxussegelschiff auf den Namen »Royal Clipper« getauft. Das dem einstigen Fünfmastvollschiff »Preussen« im Aussehen nachempfundene Kreuzfahrtschiff ist jetzt weltweit das zweite Fünfmastvollschiff.
Der in Danzig 1990 bei Stocznia Gdanska auf Kiel gelegte Rumpf war für ein segelunterstütztes Kreuzfahrtschiff vorgesehen. Es sollte an drei Masten mit mechanisch verstellbaren Flügelsegeln ausgerüstet werden und für den polnischen Bergarbeiterverband in Fahrt kommen, was sich jedoch nicht verwirklichen ließ.

Nach dem Eignerwechsel zur Reederei Star Clippers Ltd. kam für das unfertige Schiff die Umplanung zum Großsegler. Noch in Polen erhielt es einen klassischen Klipperbug und das Heck bekam eine Klappe (Hecktor) mit integrierter Badeplattform eingebaut.

02

03

01 *Das* ***Luxuskreuzfahrtschiff*** *und Fünfmastvollschiff »Royal Clipper« ist dem Fünfmastvollschiff »Preussen« nachempfunden, jedoch liegen Welten zwischen den beiden Seglern. (Foto: Monique Allard Jobe / CC-BY-SA 3.0)*

02 *Die* ***»Royal Clipper«*** *auf Kreuzfahrt in der karibischen Inselwelt. (Foto: ChrisCruises / CC-BY-SA 2.0)*

03 *Luxuskreuzfahrtschiff und* ***Fünfmastvollschiff*** *»Royal Clipper«. (Foto: Wolfgang Wedemeier / CC-BY-SA 3.0)*

04

05

06

Auf der niederländischen Scheepswerf De Merwede BV in Merwede wurde das Kreuzfahrtsegelschiff dann fertig gestellt. Das Rigg wurde vollständig umgestaltet. Traditionelle Rahen an nun fünf Masten sollten das äußere Erscheinungsbild an die legendäre »Preussen« angleichen. Die Bedienung der 42 Segel geschieht vollautomatisch mit modernster Technik vom Oberdeck aus. Lediglich fünf Mann können innerhalb weniger Minuten mit Hilfe elektrischer Winden, die die in Hohlrahen einziehbaren Segel setzen oder bergen. Niemand muss in die Takelage aufentern und in schwindelnder Höhe an den Segeln arbeiten.

Die »Royal Clipper« hat eine Länge über alles von 134,80 Meter und ist mit 4425 BRZ vermessen. Zwei Dieselmotoren mit jeweils 2500 PS machen den Segler vom Wind unabhängig. Die Besatzungsstärke beläuft sich auf 106 Personen. In 114 Kabinen und Suiten der verschiedensten Kategorie können 227 Passagiere, die an Bord auf keinen Luxus verzichten müssen, untergebracht werden. Wie man sieht, liegen zwischen dem alten Frachtsegler »Preussen« und dem neuen schwimmenden Luxushotel »Royal Clipper« Welten.

Die »Royal Clipper« erhielt 2001 im *Guinness Buch der Rekorde* die offizielle Registrierung als größtes Segelschiff der Welt. Ihr Heimathafen ist Valletta auf Malta. Im Winter kreuzt sie überwiegend in der Karibik und im Sommer ist sie im Mittelmeer unterwegs.

07

*04 Das Kreuzfahrtschiff »AIDAluna« und der* ***Kreuzfahrtsegler »Royal Clipper«*** *liegen auf Antigua im Hafen von St. John's einträglich nebeneinander an der Pier. (Foto: Bgabel / CC-BY-SA 2.5)*

*05 Das* ***Ruder*** *der »Royal Clipper«. (Foto: Monique Allard Jobé/CC-BY-SA 3.0)*

*06 Die* ***Schiffsglocke*** *der »Royal Clipper«. (Foto: Monique Allard Jobé/CC-BY-SA 3.0)*

*07* ***Seefahrerromantik*** *bei untergehender Sonne bietet die »Royal Clipper« ihren Passagieren. (Foto: Engelberger/CC-BY-SA 3.0)*

# Fünfmastbark »*Golden Horizon*«

01

## »Golden Horizon«

| | |
|---|---|
| **Schiffstyp** | *Fünfmastbark* |
| **Flaggenstaat** | *Kroatien* |
| **Bauwerft** | *Brodosplit Werft, Split, Kroatien* |
| **Schiffstaufe** | *10. Juni 2017* |
| **Vermessung** | *8770 BRZ* |
| **Länge x Breite x Tiefgang** | *162,22 x 18,50 x 6,40 m* |
| **Besatzung / Passagiere** | *150/300* |
| **Segelanzahl/Segelfläche** | *35/6347 m²* |
| **Antrieb/Antriebsleistung** | *2 x Dieselmotor/2 x 4486 PS*<br>*2 x Elektro-Fahrmotor/2 x 2250 kW* |
| | *2 x Elektro-Fahrmotor/2 x 1700 kW* |
| **Geschwindigkeit** | *16 kn (Segel)/17 kn (Motor)* |

02

Nachdem die schwedische Kreuzfahrtreederei Star Clippers Ltd. mit ihrem im Jahr 2000 in Dienst gestellten Kreuzfahrt- und Fünfmastvollschiff »Royal Clipper« wirtschaftliche Erfolge verbuchen konnte, gab sie bei der kroatischen Brodosplit Werft in Split ein weiteres derartiges Segelschiff in Auftrag. Am 9. Dezember 2015 erfolgte die Kiellegung des als Fünfmastbark getakelten und im Aussehen an die Fünfmastbark »France« aus dem Jahr 1911 angeglichenen Kreuzfahrtsegelschiffes.

Am 10. Juni 2017 fand die Taufe auf den Namen »Flying Clipper« statt. Ursprünglich sollte der Segler bereits Ende 2017 zur ersten Kreuzfahrt starten. Bei der Fertigstellung gab es allerdings Verzögerungen sowie Differenzen zwischen dem Auftraggeber und der Werft über die Kontrakterfüllung, was dazu führte, dass Star Clippers das Schiff nicht abnahm.
Der infolgedessen im Besitz der kroatischen DIV-Gruppe, zu der auch die Bauwerft gehört, verbliebene und für

*01 Die Fünfmastbark* **»Golden Horizon«** *macht unter voller Besegelung gute Fahrt. (2 Fotos: Brodosplit)*

*02 Die* **35 Segel** *der Fünfmastbark »Golden Horizon« bilden eine Segelfläche von 6347 Quadratmeter. Je nach Windverhältnissen ist eine Geschwindigkeit von 16 bis 20 Knoten möglich.*

03

04

05

06

03 **Ein Blick vom Klüverbaum** *nach achtern auf das Oberdeck und die Besegelung. (6 Fotos: Brodosplit)*

04 *Das große, mit Teakholz beplankte* **Oberdeck** *der »Golden Horizon«.*

05 *Eine der zahlreichen* **Luxuskabinen** *auf der »Golden Horizon«.*

06 *Die Fünfmastbark »Golden Horizon« verfügt über eine gut ausgestattete Bibliothek.*

07 *Das über drei Decks reichende* **Restaurant** *der »Golden Horizon« ist edel eingerichtet.*

08 *Ein* **Salon**, *in dem man sich wohlfühlen kann.*

09 *Die Fünfmastbark »Golden Horizon« unter* **Illuminationsbeleuchtung**. *(Foto: Ballota / CC-BY-SA 4.0)*

eine ihr nahestehende Eigentumsgesellschaft registrierte 8770-BRZ-Neubau kam jetzt unter kroatischer Flagge als »Golden Horizon« in Fahrt. Die Kreuzfahrtplanung und die Vermarktung hat die englische Tradewind Voyages übernommen.

Neben der Besegelung hat die »Golden Horizon« einen diesel-elektrischen Antrieb, der eine Geschwindigkeit von 17 Knoten ermöglicht. Unter Segeln sind 16 Knoten, bei guten Winden sogar 20 Knoten, erreichbar.
Die vorhandene Eisverstärkung des Schiffsrumpfes erlaubt das Befahren der arktischen und antarktischen Gewässer. An Besonderheiten in der Ausstattung sind ein über drei Decks reichendes Restaurant, drei Pools, fünf Bars, eine Bibliothek, ein Trimmraum, ein großes Teakdeck sowie eine ausklappbare Wassersport Marina am Heck zu erwähnen. Die 300 Passagiere verteilen sich in 150 Kabinen, 34 Suiten mit Balkon und vier Eignerkabinen. Alle Räumlichkeiten sind luxuriös ausgestattet. Die 150-köpfige Besatzung ist in 74 Kabinen allerdings etwas einfacher untergebracht.

Die Fünfmastbark »Golden Horizon« hat im *Guinness Buch der Rekorde* das Fünfmastvollschiff »Royal Clipper« als größtes Segelschiff der Welt abgelöst. Die Jungfernfahrt des Schiffes war zunächst für Mai 2021 und dann für November 2021 vorgesehen. Wegen der Corona-Pandemie musste sie auf das Frühjahr und dann auf Juli 2022 verschoben werden. Schließlich wurden wegen Finanzierungsproblemen alle geplanten Fahrten gestrichen und das Schiff kehrte im August 2022 zur Bauwerft zurück, wo es aufgelegt wurde. Die »Golden Horizon« steht inzwischen wieder zum Verkauf an. Ein Käufer hat sich mit Stand Februar 2023 noch nicht gefunden.

07

08

09

# Siebenmastgaffelschoner »*Thomas W. Lawson*«

01

## »Thomas W. Lawson«

| | |
|---|---|
| **Schiffstyp** | *Siebenmastgaffelschoner* |
| **Flaggenstaat** | *USA* |
| **Bauwerft** | *Fore River Shipbuilding Company, Quincy/Massachusetts, USA* |
| **Stapellauf** | *10. Juli 1902* |
| **Vermessung** | *5218 BRT* |
| **Länge x Breite x Tiefgang** | *140,10 x 17,25 x 8,54 m* |
| **Besatzung** | *16* |
| **Segelanzahl/Segelfläche** | *25/4330 m²* |
| **Antrieb/Antriebsleistung** | *ohne* |
| **Geschwindigkeit** | *16 kn* |

02

*01 Auf dieser* ***Gemäldedarstellung*** *von Thomas H. Willis sieht der Siebenmastgaffelschoner »Thomas W. Lawson« recht schnittig aus. Von Zeitgenossen wurde er aber auch gelegentlich mit einer »Badewanne« oder einem »gestrandeten Wal« verglichen. (Foto: Thomas H. Willis)*

*02 Die »Thomas W. Lawson« unter* ***voller Besegelung****. (Foto: Archiv Autor)*

Die in den bisherigen Abschnitten dieses Kapitels behandelten sieben frachtfahrenden Segelschiffe und die beiden fünfmastigen Kreuzfahrt-Rahschiffe waren / sind wahre Giganten auf See. Jedes war / ist für sich ein außergewöhnliches Unikum. Ein außergewöhnliches Unikum war auch der amerikanische Siebenmastgaffelschoner »Thomas W. Lawson«, das einzig gebaute Segelschiff mit sieben Masten. Auch wenn schiffbaulich kein Rahsegler, so ist die Aufnahme in diesem erlauchten Kreis der Riesensegelschiffe durchaus angebracht.
Gebaut wurde die »Thomas W. Lawson« bei der Fore River Shipbuilding Company in Quincy / Massachusetts. Das mit 5218 BRT vermessene Schiff lief dort am 10. Juli 1902 für die in Boston ansässige Reederei John G. Crowley vom Stapel.

Nur 16 Mann Besatzung waren für das Riesenschiff notwendig. Fast alle zur Bedienung der Segel notwendigen Tätigkeiten konnten von Oberdeck aus mit Hilfe von Dampfwinden ausgeführt werden. Das Ruder der »Thomas W. Lawson« war ebenfalls mit Dampf betrieben. Die maximale Tragfähigkeit wird mit 8100 Tonnen angegeben. Mit dem Schiff wollte man wohl die Wirtschaftlichkeit eines übergroßen Schoners testen. Ein Versuch, der dann sowohl seemännisch, navigatorisch wie auch ökonomisch gründlich misslang.

Die »Thomas W. Lawson« sollte Kohle für die Bay State Gas Co. fahren, deren Präsident der Namensgeber des Schiffes war. Ein Jahr blieb das auch so, doch ihr großer Tiefgang war für das Fahrtgebiet an der amerikanischen Ostküste ein Hindernis. Nach einem Jahr erfolgte ein Umbau. Das Schiff, das zudem bei schlechtem Wetter schwer zu beherrschen war, wurde abgetakelt und dann als Leichter verchartert. Mit Petroleum in Fässern beladen, wurde die »Thomas W. Lawson« jetzt zwischen Texas und Philadelphia in Sichtweite der Küste hin und her geschleppt.

In den Jahren 1906/1907 wieder aufgetakelt, ging das Schiff 1907 mit einer Petroleumladung nach Europa. Auf der Heimreise musste es wegen schlechten Wetters am Westausgang des Englischen Kanals bei den Scilly Inseln ankern. Im Sturm brachen am 14. Dezember 1907 die Ankerketten. Die »Thomas W. Lawson« geriet ins Treiben, hatte Grundberührung mit einem Unterwasserfelsen, kenterte und brach schließlich auseinander. Damit hatte nach 5 1/2 Jahren ihr Schiffsleben ein genauso tragisches Ende gefunden, wie das der frachtfahrenden Fünfmastrahsegler vor und nach ihr. Nur zwei Mann der Besatzung konnten gerettet werden.

# Segelschiffe in Fahrt

Ein Blick vom Fockmast auf das Oberdeck der Bark **»Eagle«**. (Foto: US Coast Guard)

# Bark »*Alexander von Humboldt II*«

01

## »Alexander von Humboldt II«

| | |
|---|---|
| **Schiffstyp** | *Bark* |
| **Flaggenstaat** | *Deutschland* |
| **Bauwerft** | *BVT Brenn- und Verformtechnik, Bremen, Deutschland* |
| **Stapellauf** | *25. Mai 2011* |
| **Verdrängung** | *1018 t* |
| **Länge x Breite x Tiefgang** | *65,05 x 10 x 4,70 m* |
| **Besatzung/Trainees** | *25/54* |
| **Segelanzahl/Segelfläche** | *24/1360 m²* |
| **Antrieb/Antriebsleistung** | *1 x Dieselmotor/1 x 750 PS* |
| **Geschwindigkeit** | *13 kn (Segel)/10 kn (Motor)* |

02

Wegen ständig steigender Sicherheitsanforderungen und der damit einhergehenden höheren Betriebs-, Unterhaltungs- und Wartungskosten wurde die hundertjährige Bark »Alexander von Humboldt« ihrem Eigner und Betreiber, der Deutschen Stiftung Sail Training (DSST), zu teuer. Die Kosten stiegen in nicht mehr vertretbare Dimensionen.

Um weiterhin junge Menschen mit der traditionellen Seemannschaft vertraut machen zu können, wurde der Neubau eines Ersatzschiffes in Angriff genommen. Am 11. Dezember 2008 erfolgte bei der BVT Brenn- und Verformtechnik in Bremen bereits die Kiellegung der neuen Bark. Allerdings stand erst 1 1/2 Jahre später die vollständige Finanzierung, sodass der Bauvertrag erst am 2. August 2010 abgeschlossen und der eigentliche Bau begonnen werden konnte. Der Stapellauf, bzw. in diesem Falle der Stapelhub, fand am 25. Mai 2011 statt.

*01 Die Bark* ***»Alexander von Humboldt II«*** *hat bei Windstille sämtliche Segel gesetzt. (Foto: DSST / CC-BY-SA 4.0)*

*02 Die Bark »Alexander von Humboldt II« als* ***Ankerlieger****. (2 Fotos: Hans Karr)*

*03 Die Bark »Alexander von Humboldt II« aus achterlicher Sicht. Auf dem Foto ist* ***im Topp des Besanmastes*** *die Abgasableitung gut zu erkennen.*

03

04

05

06

04 Die Bark »Alexander von Humboldt II« ist auf der Abbildung unter **Motor und Besegelung** unterwegs. (4 Fotos: Hans Karr)

05 Die Bark »Alexander von Humboldt II« auf der **Elbe** mit Segelunterstützung einlaufend Hamburg.

06 Die **Takelage** der »Alexander von Humboldt II«.

07 Die Bark »Alexander von Humboldt II« an den Landungsbrücken in **Hamburg**. Auf der Abbildung ist die Bark noch mit ihrer ersten, weißen Besegelung zu sehen.

Am 24. September 2011 folgte die Schiffstaufe. Das nach dem berühmten deutschen Naturforscher und Weltreisenden Alexander von Humboldt (1769–1859) benannte Segelschiff war nach der 1958 gebauten »Gorch Fock« der erste Neubau einer Bark in Deutschland.

Wie ihre Vorgängerin, die jetzt als Museums- und Hotelschiff in Bremen liegt, ist auch die »Alexander von Humboldt II« wieder ganz in grün gehalten. Bis Mai 2015 führte sie allerdings weiße Segel.

Ein Dieselmotor macht das Schiff windunabhängig und stellt sicher, dass auch bei Flaute der Zielhafen pünktlich erreicht wird. Die Ableitung der Abgase erfolgt über die Mastspitze des Besanmasts. Die Ausrüstung der »Alexander von Humboldt II« entspricht dem neuesten Stand der Technik. So sind zum Beispiel modernste Navigations- und Kommunikationseinrichtungen wie Radar, elektronische Seekarte, Funkausrüstung und Satellitentelefon an Bord vorhanden. Der Maschinenraum sowie das gesamte Kontroll- und Alarmsystem der »Alexander von Humboldt II« werden zentral auf der Brücke überwacht.

Insgesamt können neben den 25 Personen der Stammbesatzung noch 54 seemännisch Auszubildende, die sogenannten Trainees, auf dem Segelschiff buchen und mitsegeln. Dabei sind Jugendliche eine besondere Zielgruppe. Die Bark bietet der gesamten Besatzung in klimatisierten und mit Dusche und WC ausgestatteten Ein-, Zwei- und Vierbettkammern einen behaglichen Komfort.

In einem Prospekt der DSST heißt es: »Das gemeinsame Segeln auf dem Windjammer ist eine Erfahrung, wie sie unsere heutige Gesellschaft kaum noch hergibt.

Jedermann ist zu Kameradschaft, Kooperation und Teamgeist zur Übernahme von Verantwortung aufgerufen. (...) Die Entwicklung eigener Fähigkeiten, das Erlebnis in der Gruppe, die Kameradschaft miteinander und der Spaß an Bord sind begeisternde Erfahrungen.« Zu Recht wird daher die »Alexander von Humboldt II« auch als »Windjammer für die Jugend« bezeichnet.

Das Fahrtgebiet der »Alexander von Humboldt II« ist im Sommer die Nord- und Ostsee und in den Wintermonaten stehen Fahrten zu den Kanarischen und Kapverdischen Inseln sowie in die Karibik auf dem Programm. Anfang 2017 machte die Bark ihre erste Atlantiküberquerung..

Auch die Deutsche Marine hatte sich im Jahr 2019 dazu entschieden die »Alexander von Humboldt II« als Zwischenlösung für die Ausbildung zu nutzen, da das eigene Segelschulschiff »Gorch Fock« wegen einer längeren Werftliegezeit nicht zur Verfügung stand. Bereits im März sowie im November und Dezember 2019 segelte ein Teil der Stammbesatzung des Marineschiffes auf der »Alexander von Humboldt II« mit. Es galt die eigenen Fertigkeiten aufzufrischen und die Expertise zum Betreiben eines Segelschulschiffs zu erhalten. Ab Januar 2020 begann auch die Ausbildung neuer Offiziersanwärter der Deutschen Marine auf der »Alexander von Humboldt II«. Die »Gorch Fock« selbst konnte erst im Sommer 2021 ihren Ausbildungsbetrieb wieder aufnehmen.

# Vollschiff »*Amerigo Vespucci*«

*01*

## »Amerigo Vespucci«

| | |
|---|---|
| **Schiffstyp** | *Vollschiff* |
| **Flaggenstaat** | *Italien* |
| **Bauwerft** | *Königliche Werft, Castellamare di Stabia, Italien* |
| **Stapellauf** | *22. Februar 1931* |
| **Verdrängung** | *4146 t* |
| **Länge x Breite x Tiefgang** | *100,60 x 15,56 x 7,19 m* |
| **Besatzung/Kadetten** | *258/150 bis 190* |
| **Segelanzahl/Segelfläche** | *23/12580 m²* |
| **Antrieb/Antriebsleistung** | *2 x Dieselmotor/12 x 950 PS,* |
| | *1 x Elektro-Fahrmotor/1PS unbekannt* |
| **Geschwindigkeit** | *10 kn (Segel)/12 kn (Motor)* |

02

03

*01 Die* ***»Amerigo Vespucci«*** *als Teilnehmer bei der Sail 2005 in Amsterdam. (Foto: AMERIGO VESPUCCI / CC-BY-SA 3.0)*

*02 Das Aussehen der »Amerigo Vespucci«* ***erinnert an eine Fregatte*** *des 19. Jahrhunderts. (Foto: Bibliothek für Zeitgeschichte)*

*03 Die* ***Luftaufnahme*** *zeigt das Segelschulschiff »Amerigo Vespucci« unter voller Besegelung. (Foto: Pentti Koskinen)*

Gebaut wurde das italienische Segelschulschiff »Amerigo Vespucci«, das gelegentlich als das schönste Segelschiff der Welt bezeichnet wird, auf der Königlichen Werft in Castellamare di Stabia, wo es am 22. Februar 1931 vom Stapel lief. Die Namensgebung geht zurück auf den italienischen Kaufmann, Seefahrer, Navigator und Entdecker Amerigo Vespucci (1454–1512).

Die »Amerigo Vespucci« ist ein Schwesterschiff der 1928 gebauten »Christoforo Colombo«. Auf den beiden Segelschiffen erfolgte die Ausbildung des nautischen Nachwuchses der Italienischen Marine. Während die »Christoforo Colombo« 1949 als Reparationsleistung an die Sowjetunion ausgeliefert werden musste, sich dort noch einige Jahre als Schulschiff »Dunay« in Fahrt befand und 1972 verschrottet wurde, blieb die »Amerigo Vespucci« im Besitz Italiens. Sie ist somit eines der ältesten aktiven Schiffe der Italienischen Marine.

Seit ihrer Indienststellung am 15. Mai 1931 wird die als Vollschiff getakelte »Amerigo Vespucci« als Segelschulschiff bei der Italienischen Marine verwendet. Das markante Aussehen mit dem sehr hohen Freibord und den beiden durchgehenden weißen Pfortenbänder sowie der charakteristischen und üppig verzierten Heckgalerie erinnert an eine für die Mitte des 19. Jahrhunderts typische Fregatte.

Der stählerne Rumpf der »Amerigo Vespucci« unterteilt sich über der Wasserlinie horizontal in drei durchlaufende Decks. Dadurch ist es möglich, eine große Besatzung unterzubringen.

04

05

06

07

08

Die mitgeführte Bewaffnung besteht lediglich aus Salutgeschützen. Die früher an Bord vorhandenen vier 40-mm-Geschütze wurden schon vor Jahren entfernt. Das Schiff wird seit seiner Indienststellung ständig auf aktuellem Stand der Technik gehalten und hat schon mehrere Modernisierungsphasen durchlaufen.

Ohne Wind ist die »Amerigo Vespucci« mit ihren beiden Dieselmotoren, die diesel-elektrisch über einen Elektro-Fahrmotor auf eine Welle wirken, zwölf Knoten schnell. Die mögliche Geschwindigkeit unter Segeln wird mit zehn Knoten angegeben.

Die »Amerigo Vespucci« ist, wie bei nahezu allen Segelschulschiffen allgemein üblich, ständiger Teilnehmer an den zahlreichen internationalen Großseglerregatten. In den Jahren 2002/2003 führte das Schiff eine Weltumsegelung durch. Seit seiner Indienststellung vor über 90 Jahren wird der Segler ausschließlich als Segelschulschiff eingesetzt.

*04 Die »Amerigo Vespucci« als Teilnehmer bei der* **Sail 2005** *in Amsterdam. (Foto: AMERIGO VESPUCCI / CC-BY-SA 3.0)*

*05 Das* **Segelschulschiff** *»Amerigo Vespucci« operiert in beengten Gewässern. (Foto: Viault / CC-BY-SA 3.0)*

*06 Die »Amerigo Vespucci« als* **Pierlieger.** *(Foto: Hans Karr)*

*07 Das reich* **verzierte Heck** *der »Amerigo Vespucci« in eindrucksvoller nächtlicher Beleuchtung. (Foto: Alessio / CC -BY-SA 2.0)*

*08 Das* **Ruderhaus** *des Segelschulschiffes »Amerigo Vespucci«. (Foto: Luukas)*

# Bark *»Bima Suci«*

01

## »Bima Suci«

| | |
|---|---|
| **Schiffstyp** | *Bark* |
| **Flaggenstaat** | *Indonesien* |
| **Bauwerft** | *Construcciones Navales Paulino Freire, Vigo, Spanien* |
| **Stapellauf** | *17. Oktober 2016* |
| **Verdrängung** | *2353 t* |
| **Länge x Breite x Tiefgang** | *111,20 x 13,50 x 6,05 m* |
| **Besatzung/Kadetten** | *83/120* |
| **Segelanzahl/Segelfläche** | *25/3351 m²* |
| **Antrieb/Antriebsleistung** | *1 x Dieselmotor/1 x 1754 PS* |
| **Geschwindigkeit** | *15 kn (Segel)/12 kn (Motor)* |

02

Nach einer internationalen Ausschreibung beauftragte die indonesische Regierung im Jahre 2015 die spanische Werft Construcciones Navales Paulino Freire in Vigo zum Bau eines Segelschulschiffes. Es ist als Ersatz für die in die Jahre gekommene Barkentine »Dewaruci« vorgesehen. Am 17. Oktober 2016 lief das als Bark konstruierte Schiff vom Stapel. Es erhielt nach einem Helden der javanischen Mythologie, der als Symbol für Kraft, Tapferkeit und Rechtschaffenheit gilt, den Namen »Bima Suci«. Die Ablieferung der neuen Bark an den Auftraggeber erfolgte im September 2017. Die »Bima Suci« ist für den weltweiten Einsatz ausgelegt. Neben dem Ausbildungsauftrag dient sie zugleich als Botschafter Indonesiens. Für diplomatische Anlässe und Repräsentationsaufgaben hat das Schulschiff exklusiv eingerichtete Innenräume.

03

04

*01 Das Segelschulschiff* ***»Bima Suci«*** *der Indonesischen Marine. (4 Fotos: Bauwerft)*

*02 Das Segelschulschiff »Bima Suci« besticht durch sein* ***elegantes Aussehen****.*

*03 Eine der* ***repräsentativen Räumlichkeiten*** *auf der »Bima Suci«.*

*04 Die mit* ***modernster Technik*** *ausgerüstete Brücke besitzt ein künstlerisch schön gestaltetes traditionelles hölzernes Steuerrad, das sich wohltuend von der »kalten« Technik abhebt.*

## Dreimastschoner *»Capitan Miranda«*

01

## »Capitan Miranda«

| | |
|---|---|
| **Schiffstyp** | *Dreimastschoner* |
| **Flaggenstaat** | *Uruguay* |
| **Bauwerft** | *Astilleros de Matagorda, Cádiz, Spanien* |
| **Stapellauf** | *Juli 1930* |
| **Verdrängung** | *715 t* |
| **Länge x Breite x Tiefgang** | *61,20 x 8,40 x 3,60 m* |
| **Besatzung/Kadetten** | *49/28* |
| **Segelanzahl/Segelfläche** | *8/722 m²* |
| **Antrieb/Antriebsleistung** | *1 x Dieselmotor/1 x 500 PS* |
| **Geschwindigkeit** | *10 kn (Segel)/11 kn (Motor)* |

Das als Dreimastschoner getakelte Segelschulschiff »Capitan Miranda« der Uruguayischen Marine lief bereits im Juli 1930 auf der spanischen Werft Astilleros de Matagorda in Cádiz vom Stapel. Mit zwei Masten und Dieselmotor ausgerüstet wurde die »Capitan Miranda« ab Dezember 1930 als Vermessungs- und Forschungsschiff für das marineeigene Hydrographische Institut eingesetzt. Der Schiffsname erinnert an den Kapitän, Geographen und Marineoffizier Francisco Prudencio Miranda (1868–1925).

Als 1977 das mittlerweile in die Jahre gekommene und außer Dienst gestellte Schiff eigentlich abgewrackt werden sollte, änderte die Marine ihre Meinung und entschloss sich zu einer Rettungsaktion. Sie ließ die »Capitan Miranda« zu einem Schulschiff umbauen. Die beiden alten stählerne Masten wurden durch drei neue Aluminiummasten ersetzt. Ein neuer Dieselmotor von 500 PS kam an Bord. Die Inneneinrichtung wurde zur Aufnahme von Kadetten ausgebaut. Am 20. Oktober 1978 ging das vollkommen renovierte Schiff als Dreimastschoner und Schulschiff erneut in Dienst.

Die »Capitan Miranda« wird seither immer auf dem aktuellen Stand der Technik gehalten und ist bei internationalen Segelschiffstreffen ein ständiger Teilnehmer.

01 *Der* **Dreimastschoner »Capitan Miranda«** *ist angesichts der dunklen Wolkenbank schon mal vorsorglich unter Sturmbesegelung unterwegs.*
*(Foto: Anthony Clearn / CC-BY-SA 2.0)*

02 *Der Dreimastschoner »Capitan Miranda« mit in* **Paradeaufstellung** *angetretener Besatzung und übergroßer Nationalflagge.*
*(Foto: Andrés Franchi Ugart / CC-BY-SA 3.0)*

03 *Der Dreimastschoner »Capitan Miranda« mit anderen Großseglern in einem Gasthafen. Man beachte die kunstvoll mit* **traditionellen landestypischen Motiven** *verzierten Segel.*
*(Foto: Halley Pacheco de Oliveira / CC-BY-SA 3.0)*

02

03

# Vollschiff »*Christian Radich*«

01

## »Christian Radich«

| | |
|---|---|
| **Schiffstyp** | *Vollschiff* |
| **Flaggenstaat** | *Norwegen* |
| **Bauwerft** | *Framnæs Mekaniske Værksted, Sandefjord, Norwegen* |
| **Stapellauf** | *5. Februar 1937* |
| **Verdrängung** | *676 t* |
| **Länge x Breite x Tiefgang** | *72,50 x 9,70 x 4,50 m* |
| **Besatzung/Kadetten** | *16/80 – 100* |
| **Segelanzahl/Segelfläche** | *26/1234 m²* |
| **Antrieb/Antriebsleistung** | *1 x Dieselmotor/1 x 850 PS* |
| **Geschwindigkeit** | *14 kn (Segel)/10 kn (Motor)* |

02

*01 Das Vollschiff »***Christian Radich«** *unter Vollzeug. (Foto: savagecat / CC-BY-SA 2.0)*

*02 Die »Christian Radich«* **mit gerefften Segeln** *und unter Motorkraft unterwegs. (Foto: Zeglarz)*

*03 Das Vollschiff »Christian Radich« aus* **achterlicher Sicht**. *(Foto: Wikimedia / Public Domain)*

Das norwegische Segelschulschiff »Christian Radich« ist als Vollschiff getakelt und am 5. Februar 1937 vom Stapel gelaufen. Gebaut wurde die »Christian Radich« bei Framnæs Mekaniske Værksted in Sandefjord. Benannt ist der Segler nach dem Kaufmann und Reeder Christian Radich (1822–1898), der als Förderer des Schulschiffgedankens bereits 1889 eine großzügige Spende von 90.000 Kronen an eine Stiftung für den Bau eines Segelschulschiffes unter der Bedingung tätigte, dass es nach ihm benannt werde. Es sollte aber noch einige Jahre dauern, bis sein Wunsch realisiert werden konnte. Erst 40 Jahre nach dem Tod ihres Namensgebers lief die »Christian Radich« vom Stapel.

Vor dem Zweiten Weltkrieg machte das Vollschiff unter anderem noch zwei Reisen über den Atlantik in die USA. Nach der Rückkehr von der zweiten Reise wurde das Schulschiff in der damaligen politisch kritischen Weltlage der Marine unterstellt.
Von Deutschland beschlagnahmt fand es nach der deutschen Besetzung von Norwegen als U-Boot-Depotschiff

03

04

04 **Segelschulschiff** *»Christian Radich«.*
*(Foto: Inge Wallumrød / CC-BY-SA 1.0)*

*05/06 Das Vollschiff »Christian Radich« während der* ***Sail Bremerhaven 2015*** *an seinem Liegeplatz.*
*(2 Fotos: Hans Karr)*

*04 Ein Blick in die* ***Takelage****.*
*(Foto: Sondrekv)*

Verwendung. Das Kriegsende überlebte die 1943 nach Deutschland überführte »Christian Radich« schwer beschädigt und halb gesunken sowie ohne Masten und Rahen in Flensburg. Nach der Bergung an den ursprünglichen Eigner zurückgegeben, wurde das Segelschiff auf seiner Bauwerft instandgesetzt und nahm 1947 zur Ausbildung des seemännischen und nautischen Nachwuchses der norwegischen Handelsmarine seinen Dienst als Schulschiff wieder auf.

Seit 1956 nahm die »Christian Radich« an zahlreichen Windjammer-Paraden teil und konnte dabei sehr häufig bei den Wettrennen Siege für sich verbuchen. Auch als Filmstar war das Vollschiff im Einsatz. Im Jahr 1957 wirkte das Schiff in dem Panoramafilm *Windjammer* mit und in den 1970er Jahren war es in der Fernsehserie »Die Onedin-Linie« zu sehen.

In den Jahren 1963, 1983 und 2002 erfolgten umfangreiche Grundüberholungen und Modernisierungen. Das Schiff wird auch seither immer auf dem neuesten Stand der Technik gehalten. Allerdings segelt die »Christian Radich« heute kaum noch als reines Schulschiff der Handelsmarine, denn eine Ausbildungszeit auf Segelschiffen ist in Norwegen nicht mehr vorgeschrieben.

Stattdessen nutzt seit 2005 die Norwegische Marine das Schiff im Sommer zur Ausbildung eines Teils ihrer Offizieranwärter. Ansonsten verdient sich das Schiff, dessen Eigner die Stiftelsen Skoleskipet Christian Radich in Oslo ist, genau wie die beiden anderen noch in Fahrt befindlichen norwegischen Rahsegler »Statsraad Lehmkuhl« und »Sørlandet«, mit Chartertörns und zahlenden Gästen seinen Unterhalt.

*05*

*06*

*07*

# Vollschiff »*Cisne Branco*«

01

## »Cisne Branco«

| | |
|---|---|
| **Schiffstyp** | *Vollschiff* |
| **Flaggenstaat** | *Brasilien* |
| **Bauwerft** | *Damen Shipyards, Gorinchem, Niederlande* |
| **Stapellauf** | *4. August 1999* |
| **Verdrängung** | *1038 t* |
| **Länge x Breite x Tiefgang** | *76 x 10,50 x 4,80 m* |
| **Besatzung/Kadetten** | *61/31* |
| **Segelanzahl/Segelfläche** | *25/899 $m^2$ (ohne Leesegel), 29/2195 $m^2$ (mit Leesegel)* |
| **Antrieb/Antriebsleistung** | *1 x Dieselmotor/1 x 1014 PS* |
| **Geschwindigkeit** | *17,5 kn (Segel)/1 kn (Motor)* |

02

03

Das Vollschiff »Cisne Branco«, der Name bedeutet weißer Schwan, der Brasilianischen Marine wurde 1998 in den Niederlanden bei Damen Shipyards in Gorinchem in Auftrag gegeben. Das Segelschulschiff lief am 4. August 1999 vom Stapel und wurde rechtzeitig zur 500-Jahr-Feier Brasiliens am 4. Februar 2000 an die Brasilianische Marine übergeben. Anlässlich dieses Jubiläums fand im März 2000 eine Erinnerungs-Regatta statt, an der die »Cisne Branco« teilnahm und im Kielwasser des Entdeckers von Brasilien, Pedro Álvares Cabral (1467–1520), Brasilien erreichte.

Das Vollschiff ähnelt den eleganten windschnittigen Klippern des 19. Jahrhunderts und hat mit der zeitgleich gebauten niederländischen »Stad Amsterdam« sowie der omanischen »Shabab Oman II« zwei Schwesterschiffe.

Die »Cisne Branco« ist mit einem Dieselmotor ausgerüstet und besitzt zur besseren Manövrierfähigkeit ein 300 kW starkes Bugstrahlruder. Erstmals wurden auf der »Cisne Branco«, was auf Segelschulschiffen eigentlich unüblich ist, aber früher auf den letzten großen Frachtseglern Standard gewesen ist, wieder Brasswinden eingebaut, um das Schiff auch mit der kleinen Stammbesatzung alleine segeln zu können. Auf dem Schulschiff sind modernste Navigations- und Fernmeldeanlagen vorhanden.

Neben der Verwendung als Schulschiff zur Ausbildung des seemännischen und nautischen Offiziersnachwuchses der Brasilianischen Marine wird das Schiff auch zu Repräsentationszwecken eingesetzt. Es ist regelmäßiger Teilnehmer bei internationalen maritimen Veranstaltungen.

01 *Das Vollschiff* **»Cisne Branco«** *unter einem Dom von Segeln. (3 Fotos: Brasilianische Marine / CC-BY-SA 2.0)*

02 *Das Segelschulschiff »Cisne Branco«* **unter voller Besegelung**.

03 *Ein Blick vom* **Klüverbaum** *auf die Besegelung des Vollschiffes »Cisne Branco«.*

# Viermastgaffelschoner »*Creoula*«

01

## »Creoula«

| | |
|---|---|
| **Schiffstyp** | *Viermastgaffelschoner* |
| **Flaggenstaat** | *Portugal* |
| **Bauwerft** | *Companhia União Fabril, Lissabon, Portugal* |
| **Stapellauf** | *10. Mai 1937* |
| **Verdrängung** | *1300 t* |
| **Länge x Breite x Tiefgang** | *67,40 x 9,90 x 4,70 m* |
| **Besatzung/Kadetten** | *40/51* |
| **Segelanzahl/Segelfläche** | *11/1244 m²* |
| **Antrieb/Antriebsleistung** | *1 x Dieselmotor/1 x 500 PS* |
| **Geschwindigkeit** | *unbekannt (Segel)/9 kn (Motor)* |

*02*

*03*

Der Viermastgaffelschoner »Creoula« ist neben der Bark »Sagres« das zweite Segelschulschiff der Portugiesischen Marine. Gebaut wurde das Schiff auf der Werft Companhia União Fabril in Lissabon. Der Auftraggeber war die Fischereigesellschaft Parceria Geral de Pescas Lda. Vom Typ her wird der am 10. Mai 1937 vom Stapel gelaufene Schoner auch als Grand-Banks-Schoner bezeichnet.

Die Grand Banks sind die fischreichen Seegebiete vor Neufundland und Nova Scotia. Dorthin machten in den Sommermonaten portugiesische Fischer mit äußerest seetüchtigen Schonern wie der »Creoula« mehrmonatige Fangreisen nach Kabeljau. Im Winter lagen die Schiffe auf, wurden repariert und für die nächste Saison klar gemacht.

Die »Creoula« war bis 1973 in der Fischerei im Einsatz. Danach sollte sie als Museumsschiff erhalten bleiben. Der gute Zustand des Schiffes – es hat einen Stahlrumpf, ein hölzernes Deck und hölzerne Masten – ließ jedoch nach entsprechender Herrichtung die Verwendung als Schulschiff für die Fischereiflotte zu. Im ehemaligen Laderaum entstanden Unterkünfte für Kadetten und die »Creoula« ging in den Besitz des Fischereiministeriums über.
Am 1. Juni 1987 wurde die Portugiesische Marine mit dem laufenden Schulbetrieb beauftragt. Fünf Jahre später übernahm sie das Schiff vollständig und führt seither die seemännische Ausbildung des Fischereinachwuchses durch.

Bei maritimen Großveranstaltungen und Windjammerparaden sind der Viermastgaffelschoner »Creoula« wie auch das ebenfalls erhalten gebliebene und für einen zivilen Eigner fahrende Schwesterschiff »Santa Maria Manuela« häufig beobachtete Teilnehmer.

*01 Der Viermastgaffelschoner* ***»Creoula«*** *unter voller Besegelung.*
*(Foto: Lopo Pizarro / CC-BY-SA 2.5)*

*02 Der Viermastgaffelschoner »Creoula«* ***unter voller Besegelung*** *und von zahlreichen Sportbooten umringt.*
*(Foto: Lopo Pizarro / CC-BY-SA 3.0)*

*03 Die* ***Heckpartie*** *des Viermastgaffelschoner »Creoula«.*
*(Foto: Claude Peron / CC-BY-SA 4.0)*

# Bark »*Cuauhtémoc*«

01

## »Cuauhtémoc«

| | |
|---|---|
| **Schiffstyp** | *Bark* |
| **Flaggenstaat** | *Mexiko* |
| **Bauwerft** | *Astilleros y Talleres Celaya, Bilbao, Spanien* |
| **Stapellauf** | *9. Januar 1982* |
| **Verdrängung** | *1800 t* |
| **Länge x Breite x Tiefgang** | *90,50 x 12 x 4,80 m* |
| **Besatzung/Kadetten** | *190/90* |
| **Segelanzahl/Segelfläche** | *23/2368 m²* |
| **Antrieb/Antriebsleistung** | *1 x Dieselmotor/1 x 1125 PS* |
| **Geschwindigkeit** | *15 kn (Segel)/9 kn (Motor)* |

02

03

Die Bark »Cuauhtémoc« ist das Segelschulschiff der Mexikanischen Marine. Gebaut wurde das Schiff in Spanien bei Astilleros y Talleres Celaya in Bilbao. Der Stapellauf fand am 9. Januar 1982 statt. Benannt ist die Bark nach dem letzten Aztekenherrscher Cuauhtémoc (1495–1525), der nach seiner Gefangennahme von den Spaniern ermordet wurde. Mit dieser Namensgebung soll dem Kampf der Azteken gegen die spanischen Konquistadoren ein Denkmal gesetzt werden. In der Übersetzung bedeutet der Name »der Adler, der herabsteigt«.

Die Werft ließ sich bei ihrem Schiffsentwurf von der deutschen »Gorch Fock« inspirieren. Weitere ähnliche Schiffe sind die Barken »Gloria« (Kolumbien), »Guayas« (Ecuador) und »Simon Bolivar« (Venezuela), die auf der gleichen Werft gebaut wurden.
Beim Bau der »Cuauhtémoc« wurde seitens der Mexikanischen Marine nicht gespart. So besteht zum Beispiel das stehende Gut aus rostfreiem Stahl, was für die Wartung und Schiffspflege eine enorme Erleichterung bedeutet. Unter Deck sind elegante Salons mit Mahagonitäfelung und bleiverglasten Mosaikfenster vorhanden.

Das Segelschulschiff »Cuauhtémoc« ist bei seinen Ausbildungsfahrten für die mexikanischen Marineoffiziersanwärter weltweit unterwegs. Auf vielen Großseglerveranstaltungen ist das Schiff als Gast zugegen.

*01 Das Segelschulschiff der Mexikanischen Marine, die Bark* ***»Cuauhtémoc«****. (Foto: Zeglarz)*

*02 Das* ***Wappen*** *des Segelschullschiffes »Cuauhtémoc«. (Foto: Garitzko)*

*03 Die* ***Nationalflagge****, größer als ein Segel, weht am Heck im Wind. (Foto: KarleHorn / CC-BY-SA 3.0)*

*04 Die Bark »Cuauhtémoc« läuft mit in* ***Paradeaufstellung*** *angetretener Besatzung ein. (Foto: DavidStettiner / CC-BY-SA 4.0)*

04

# Vollschiff *»Danmark«*

## »Danmark«

| | |
|---|---|
| **Schiffstyp** | *Vollschiff* |
| **Flaggenstaat** | *Dänemark* |
| **Bauwerft** | *Nakskov Skibsværft, Nakskov, Dänemark* |
| **Stapellauf** | *19. November 1933* |
| **Verdrängung** | *737 t* |
| **Länge x Breite x Tiefgang** | *77 x 10 x 4,20 m* |
| **Besatzung/Kadetten** | *17/80* |
| **Segelanzahl/Segelfläche** | *26 / 1632 m²* |
| **Antrieb/Antriebsleistung** | *1 x Dieselmotor / 1 x 486 PS* |
| **Geschwindigkeit** | *12 kn (Segel) / 9,5 kn (Motor)* |

02

90 Jahre hat das am 19. November 1933 vom Stapel gelaufene dänische Vollschiff »Danmark« unter seinem Kiel. Nach dem tragischen Verlust der Fünfmastbark »København« im Dezember 1928 war dieser Ersatzbau notwendig geworden, um weiterhin den nautischen Offiziersnachwuchs der dänischen Handelsmarine ausbilden zu können. Gebaut wurde das Segelschulschiff auf der Nakskov Skibsværft in Nakskov auf der Insel Lolland. Das Schiff wird heute durch das Dänische Ministerium für Handel, Seefahrt und Industrie betreut. Eigner ist der dänische Staat.

Das Segelschulschiff »Danmark« ist einem klassischen Handelssegler nachempfunden. An beiden Seiten führt es Stockanker. Außerdem ist die »Danmark« mit einem Dieselmotor ausgerüstet. Die Stammbesatzung schläft in Kojen, die Kadetten müssen mit Hängematten Vorlieb nehmen. Das elegante Innere des Schiffes ist betont schlicht gehalten.

*01 Eine* ***Vorkriegsaufnahme*** *des Segelschulschiffes »Danmark«. (Foto: Allan C. Green)*

*02 Das Vollschiff* ***»Danmark«*** *während seiner Teilnahme an der Operation Sail 1972 in der Kieler Förde. (Foto: Wolfgang Fricke / CC-BY-SA 3.0)*

*03 Das Vollschiff »Danmark«* ***als Ankerlieger****. (Foto: John Nuttall / CC-BY-SA 2.0)*

03

04

05

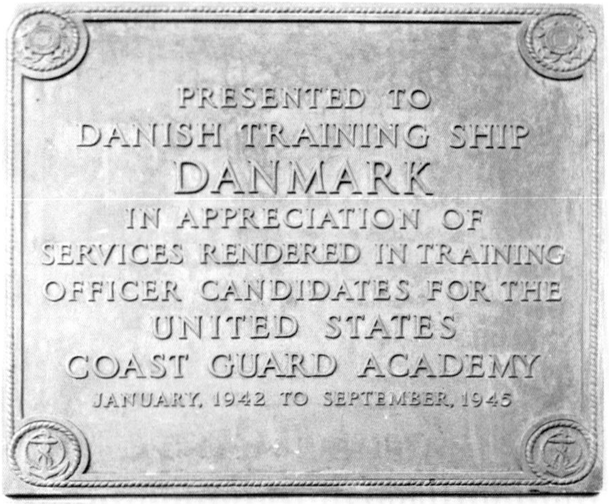


06

*04 Auch die* ***Ankerklüse*** *bedarf mal eines neuen Anstrichs. (Foto: unbekannt / CC-BY-SA 1.0)*

*05 Aufentern in den* ***Wanten****. (Foto: unbekannt / CC-BY-SA 1.0)*

*06 Die* ***Erinnerungsplakette*** *an die Zeit des Vollschiffes »Danmark« als Ausbildungsschiff für die amerikanische Küstenwache. (Foto: unbekannt / CC-BY-SA 1.0)*

*07 Der* ***Fockmast*** *mit gesetzten Segeln. (Foto: Troels Eske / CC-BY-SA 3.0)*

*08 Ruder und Kartenhaus auf der »Danmark«. (Foto: KarleHorn / CC-BY-SA 3.0)*

*09 Penible Ordnung herrscht* ***im Kadettenraum*** *auf der »Danmark«. (Foto: KarleHorn / CC-BY-SA 3.0)*

07

08

In der politischen Spannungszeit des Sommers 1939 befand sich das Vollschiff »Danmark« auf einer Ausbildungsreise an der amerikanischen Ostküste. Im Gegensatz zum norwegischen Schulschiff »Christian Radich«, das sich damals ebenfalls in den USA aufhielt, kehrte die »Danmark« auf Anweisung des Eigners vorsichtshalber nicht nach Europa zurück und wurde in Jacksonville / Florida aufgelegt. Nach dem Kriegseintritt der USA nutzte die amerikanische Küstenwache mit Billigung der dänischen Behörden die »Danmark« als Ausbildungsschiff. Mehr als 5000 Kadetten der US Coast Guard erhielten vom Januar 1942 bis zum September 1945 auf dem dänischen Vollschiff ihre Ausbildung.

Im November 1945 kehrte die »Danmark« wieder nach Dänemark zurück und nahm ihre frühere Tätigkeit als Segelschulschiff wieder auf. Im Jahre 1959 erfolgte eine Grundüberholung und Modernisierung des Schiffes. Dabei wurde die Unterbringungsmöglichkeit von Kadetten von 120 auf 80 reduziert. Im Jahre 1990 fand nochmals eine Grundüberholung des Schulschiffes statt. Seither wird das Schiff auf neuestem technischem Stand gehalten. Dabei achtet man darauf, dass unter Deck der Charakter des Schiffes erhalten bleibt.

Als Ausbildungsschiff, aber auch als Repräsentant des dänischen Staates, ist das Vollschiff »Danmark« in europäischen und amerikanischen Häfen unterwegs. Durch Abspringen eines Hauptsponsors musste in den letzten Jahren das Fahrprogramm eingeschränkt werden. Die »Danmark« läuft nicht mehr so häufig, wie es früher der Fall war, aus.

09

# Vollschiff »*Dar Mlodziezy*«

01.

## »Dar Mlodziezy«

| | |
|---|---|
| **Schiffstyp** | *Vollschiff* |
| **Flaggenstaat** | *Polen* |
| **Bauwerft** | *Stocznia Gdanska, Danzig, Polen* |
| **Stapellauf** | *4. März 1981* |
| **Verdrängung** | *2946 t* |
| **Länge x Breite x Tiefgang** | *108,82 x 14,00 x 6,37 m* |
| **Besatzung/Kadetten** | *40/150* |
| **Segelanzahl/Segelfläche** | *26/3015 m²* |
| **Antrieb/Antriebsleistung** | *2 x Dieselmotor/2 x 750 PS* |
| **Geschwindigkeit** | *16 kn (Segel)/12 kn (Motor)* |

*02*

Nach gut 70 Jahren Dienstzeit genügte das polnische Segelschulschiff »Dar Pomorza«, die ehemalige schon vor dem Ersten Weltkrieg gebaute »Prinzeß Eitel Friedrich« des Deutschen Schulschiff-Vereins nicht mehr den Anforderungen einer modernen Ausbildung. Außerdem war der schiffssicherheitsmäßige Standard nicht mehr gegeben. Das außer Dienst gestellte Vollschiff liegt seit November 1982 in Danzig als Museumsschiff.

Die teure Segelschiffsausbildung aufzugeben wollte man aber doch nicht. So entstand mit der »Dar Mlodziezy« bei der Lenin Werft in Danzig (heute Stocznia Gdanska) ein Nachfolgebau, der am 4. März 1981 vom Stapel lief. Der Schiffsname heißt übersetzt »Geschenk der Jugend« und ist darauf zurückzuführen, dass sich Jugendliche über viele Monate dabei engagiert hatten, um Spendengelder für die Baufinanzierung zu sammeln.

Die »Dar Mlodziezy« ist Typschiff einer Serie von insgesamt sechs Vollschiffen. Die fünf Schwestern entstanden ebenfalls in den 1980er-Jahren auf der Danziger Werft. Auftraggeber war die Sowjetunion. Während heute die »Mir«, die »Pallada« und die »Nadezhda« weiterhin unter russischer Flagge fahren, erhielt nach dem Zerfall der Sowjetunion die Ukraine die »Druzhba« und die »Khersones«.

Das Vollschiff »Dar Mlodziezy« hat ein eigenwilliges kastenförmiges Heck. Dort finden sich die Räumlichkeiten für Empfänge bei internationalen Hafenbesuchen. Die Kadetten sind in drei Großräumen für jeweils 50 Personen untergebracht. Geschlafen wird in Doppeldeckerkojen. Der Stil der Inneneinrichtung entspricht einem modernen Handelsschiff.

*03*

*01 Vollschiff **»Dar Mlodziezy«**.*
*(Foto: Patrick Wernhardt / CC-BY-SA 3.0)*

*02 Das **Vollschiff** »Dar Mlodziezy« unter voller Besegelung.*
*(Foto: unbekannt / CC-BY-SA 2.0)*

*03 Das Vollschiff »Dar Mlodziezy« ist bei **Segelveranstaltungen** ein immer gern gesehener Gast.*
*(Foto: Wikimedia / Public Domain)*

04

05

06

Zur Überwindung von Flauten und zur Unterstützung der Manövrierfähigkeit besitzt die »Dar Mlodziezy« zwei Dieselmotoren. Beim Bau wurde auch den Außeneinrichtungen große Aufmerksamkeit gewidmet und weitestgehend witterungsbeständiges Material verwendet wie zum Beispiel synthetisches Tauwerk beim laufenden Gut oder nicht rostender Stahl für die Belegnägel. Die Rahen sind aus Aluminium gefertigt, was wiederum Gewicht in den Masten einspart und damit die Stabilität des Schiffes erhöht. Die »Dar Mlodziezy« ist ein moderner Großseglertyp für eine zeitgemäße seemännische Ausbildung.

Nach ihrer Fertigstellung kam die »Dar Mlodziezy« für die Seefahrtsschule in Gdingen in Fahrt. Von Anfang an ist das Schiff Stammgast bei den großen internationalen Windjammerparaden und erzielt in den ausgetragenen Wettrennen immer gute Erfolge. In den Jahren 1987/1988 umsegelte die »Dar Mlodziezy« anlässlich der Fahrt zum Jubiläum Australiens erfolgreich die Erde und umrundete dabei auch das Kap Hoorn.

Um die hohen Unterhaltungskosten zu entlasten, nimmt das Schiff auch zahlende Personen an Bord mit.

07

08

09

*04 Immer umringt von Schaulustigen –* **auf See und in der Luft***.*
*(Foto: Marcin Sochacki / CC-BY-SA 3.0)*

*05 Gleich wo es einläuft, das* **Schulschiff** *»Dar Mlodziezy« ist immer umgeben von zahlreichen Motor- und Segelbooten.*
*(Foto: Marcin Sochacki / CC-BY-SA 3.0)*

*06 Das Segelschulschiff »Dar Mlodziezy« als Teilnehmer am* **Hamburger Hafengeburtstag 2015***. (3 Fotos: Hans Karr)*

*07 Das Vollschiff »Dar Mlodziezy« im Mai 2015 an den* **St. Pauli Landungsbrücken** *in Hamburg.*

*08 Das eigenwillig geformte kastenförmige* **Heck** *des Vollschiffes »Dar Mlodziezy«.*

*09 Das Vollschiff »Dar Mlodziezy« beim* **Manövrieren mit Schlepperassistenz***. (Foto: Klaus Berger / CC-BY-SA 3.0)*

# Barkentine *»Dewaruci«*

01

## »Dewaruci«

| | |
|---|---|
| **Schiffstyp** | *Barkentine* |
| **Flaggenstaat** | *Indonesien* |
| **Bauwerft** | *H. C. Stülcken & Sohn, Hamburg, Deutschland* |
| **Stapellauf** | *24. Januar 1953* |
| **Verdrängung** | *847 t* |
| **Länge x Breite x Tiefgang** | *58,27 x 9,50 x 4,50 m* |
| **Besatzung/Kadetten** | *75/80* |
| **Segelanzahl/Segelfläche** | *16/1091 m$^2$* |
| **Antrieb/Antriebsleistung** | *1 x Dieselmotor/1 x 986 PS* |
| **Geschwindigkeit** | *9 kn (Segel)/10,5 kn (Motor)* |

*02*

Im Jahre 1932 baute die Hamburger Werft H. C. Stülcken & Sohn für die Jugoslawische Marine den Dreimasttoppsegelschoner »Jadran«, der noch heute als Schulschiff unter montenegrinischer Flagge fährt. Nach diesem Vorbild ließ rund zwanzig Jahre später die Indonesische Marine in Hamburg die Barkentine »Dewaruci« bauen. Der Stapellauf war am 24. Januar 1953.

Der Schiffsname leitet sich ab von dem indonesischen Gott von Wahrheit und Mut. In der indonesischen Mythologie wird er auch als Gott der Meere verehrt. Er ziert als Galionsfigur den Bug des Schiffes.
Die Barkentine »Dewaruci« besitzt drei Decks. Die Stammbesatzung wohnt in der Poop. Die Kadetten sind im Zwischendeck untergebracht und schlafen in Hängematten. Wegen seiner Verwendung in den Tropen wurde das ganze Schiff mit ausreichend Lüftungs- und Kühlanlagen ausgerüstet.

Genügend Stabilität erhält die Barkentine durch rund 200 Tonnen Festballast. Außerdem ist sie mit einem Dieselmotor ausgerüstet. Als Besonderheit ist zu erwähnen, dass die »Dewaruci« eine eigene Blaskapelle besitzt.

Die Barkentine »Dewaruci« war überwiegend im Pazifischen Ozean unterwegs, machte aber auch Reisen in den Atlantik. Aufgrund des hohen Alters wird das Schiff bald außer Dienst gehen. Es wird für die Kadettenausbildung nur noch eingeschränkt in Binnengewässern genutzt. Nach und nach wird die Barkentine durch die neu gebaute Bark »Bima Suci« ersetzt werden. Als Marinemuseum soll die »Dewaruci« aber erhalten bleiben.

*03*

*01 Barkentine* ***»Dewaruci«****. (Foto: Archiv Autor)*

*02 Die Barkentine »Dewaruci« passiert mit in den Masten in* ***Paradeaufstellung*** *angetretener Besatzung beim Einlaufen in Pearl Harbor/Hawaii das dort als Museumsschiff liegende Schlachtschiff »Missouri«. (Foto: US Navy)*

*03 Die* ***vor Anker liegende*** *Barkentine »Dewaruci«. (Foto: US Coast Guard)*

# Vollschiff *»Druzhba«*

01

## »Druzhba«

| | |
|---|---|
| **Schiffstyp** | *Vollschiff* |
| **Flaggenstaat** | *Ukraine* |
| **Bauwerft** | *Stocznia Gdanska, Danzig, Polen* |
| **Stapellauf** | *30. Dezember 1986* |
| **Verdrängung** | *2987 t* |
| **Länge x Breite x Tiefgang** | *109,40 x 14 x 6,60 m* |
| **Besatzung/Kadetten** | *50/144* |
| **Segelanzahl/Segelfläche** | *26/2936 m²* |
| **Antrieb/Antriebsleistung** | *2 x Dieselmotor/2 x 570 PS* |
| **Geschwindigkeit** | *18 kn (Segel)/9 kn (Motor)* |

02

Die Sowjetunion hatte im Juli 1985 mehrere Segelschulschiffe bei der Danziger Lenin Werft (heute Stocznia Gdanska) in Auftrag gegeben. Typschiff dieser Bauserie von Vollschiffen ist die auf der gleichen Werft gebaute polnische »Dar Mlodziezy«. Neben der ukrainischen »Druzhba« sind weitere Schwesterschiffe die heute unter russischer Flagge fahrenden »Mir«, »Pallada« und »Nadezhda« sowie die ebenfalls nach dem Zusammenbruch der Sowjetunion der Ukraine überlassene »Khersones«.

Das Vollschiff »Druzhba« lief am 30. Dezember 1986 vom Stapel. Der Name bedeutet auf Deutsch Freundschaft. Eigner des Schiffes, das einer neuen Generation von Segelschulschiffen angehört, ist die Akademie für Navigation in Odessa. Viele der technischen Einrichtungen gleichen modernen Motorschiffen.

Nach einer umfangreichen Grundüberholung und einem Umbau in den Jahren 1996/1997 wurde das Schiff auch touristisch genutzt ohne den eigentlichen Ausbildungsbetrieb aufzugeben. Ein Restaurant und zwei Bars sind für die zahlenden Mitfahrer vorhanden. Ein Schweizer Investor hatte sich an dem Projekt beteiligt, das sich aber langfristig nicht gerechnet hat. Das Fahrtgebiet war hauptsächlich das östliche Mittelmeer. Heute liegt die »Druzhba« beschäftigungslos in einem ukrainischen Hafen. Sie wird aber scheinbar weiterhin stationär als Ausbildungsschiff genutzt.

03

*01 Das Vollschiff **»Druzhba«** ist im Jahre 1989 nach einem Besuch in Hamburg elbabwärts unterwegs. (Foto: Wolfgang Fricke / CC-BY-SA 3.0)*

*02 Das Vollschiff »Druzhba« im Jahre 1989 **auf der Elbe**. Der Großsegler wird von zahlreichen Sportbooten und Barkassen begleitet. (Foto: Wolfgang Fricke / CC-BY-SA 3.0)*

*03 Das Vollschiff »Druzhba« mit teilweise gesetzten und back stehenden Segeln. Das Schiff ist folglich **mit Motorkraft unterwegs**. (Foto: Personnel)*

# Bark »*Eagle*«

01

## »Eagle«

| | |
|---|---|
| **Schiffstyp** | *Bark* |
| **Flaggenstaat** | *USA* |
| **Bauwerft** | *Blohm+Voss, Hamburg, Deutschland* |
| **Stapellauf** | *13. Juni 1936* |
| **Verdrängung** | *1816 t* |
| **Länge x Breite x Tiefgang** | *89,70 x 11,90 x 5,20 m* |
| **Besatzung/Kadetten** | *65 / 175* |
| **Segelanzahl/Segelfläche** | *23/2064 m²* |
| **Antrieb/Antriebsleistung** | *1 x Dieselmotor/1 x 1360 PS* |
| **Geschwindigkeit** | *14 kn (Segel)/10 kn (Motor)* |

Das Segelschulschiff »Horst Wessel« der deutschen Kriegsmarine lief am 13. Juni 1936 auf der Hamburger Werft Blohm+Voss vom Stapel. Es war eine verbesserte Weiterentwicklung der 1933 gebauten Bark »Gorch Fock«. Weitere Schwesterschiffe sind die ebenfalls bei Blohm+Voss gebauten Barken »Albert Leo Schlageter« (heute »Sagres«), »Mircea« (Exportauftrag für Rumänien), »Herbert Norkus« (nicht fertiggestellt) und die 1958 für die deutsche Bundesmarine gebaute »Gorch Fock«.

Die »Horst Wessel« versah in den Jahren bis zum Zweiten Weltkrieg ihren Ausbildungsdienst hauptsächlich in der Ost- und Nordsee. Sie machte nur wenige große Reisen, unter anderem nach Las Palmas, Norwegen, Edinburgh und Westindien. Während des Zweiten Weltkrieges war das Segelschulschiff stationäres Ausbildungsschiff. Im April 1945 verlegte es mit Flüchtlingen an Bord von Saßnitz nach Flensburg.

*01 Das Segelschulschiff* ***»Horst Wessel«*** *der Kriegsmarine. (Foto: Archiv Autor)*

*02 Das* **Segelschulschiff** *»Eagle« der US Coast Guard. (Foto: USCG)*

*03 Das Segelschulschiff »Eagle« macht, obwohl unter* **voller Besegelung**, *nur geringe Fahrt durchs Wasser. (Foto: USCG)*

02

03

U.S. COAST GUARD

05

06

07

Bei Kriegsende fiel die Bark durch Losentscheidung als Reparationsleistung an die USA. In »Eagle« umbenannt, stellte sie am 15. Mai 1946 zum zweiten Mal – jetzt unter amerikanischer Flagge – in Dienst. Im Juni/Juli 1946 verlegte das Schiff von Bremerhaven aus in die USA. An Bord waren Teile der ursprünglichen deutschen Besatzung eingeschifft, da die amerikanischen Seeleute weder genügend Kenntnisse von, noch ausreichende Erfahrung auf Großseglern nachweisen konnten, um die Überquerung des Atlantiks sicher zu bewältigen. Das hat sich im Nachhinein als sinnvoll erwiesen. Bei dem Transit geriet die Bark in einen Hurrikan und erreichte eine Geschwindigkeit von 16 Knoten. Bisher waren 14 Knoten der Rekord gewesen.

In den USA hatte man sich, nachdem das dänische Vollschiff »Danmark« während des Krieges bei der US Coast Guard (USCG) für Ausbildungszwecke genutzt worden war, für einen Rahsegel als Schulschiff begeistert. So fand die »Eagle« sofort bei der USCG wieder Verwendung als Segelschulschiff, was sich bis heute nicht geändert hat. Wie alle Coast Guard Schiffe führt sie traditionell die offizielle Bezeichnung Coast Guard Cutter.

Leicht zu erkennen ist die »Eagle« an den auf dem weißen Rumpf aufgemalten rot-blauen Streifen und dem Schriftzug US Coast Guard. Die Bark wurde all die Jahre immer auf neuestem technischen Stand gehalten. In den Jahren 1981 / 1982 wurde die »Eagle« mit wasserdichten Schotten ausgerüstet und die Inneneinrichtung modernisiert. So wurden zum Beispiel für die Kadetten die Hängematten abgeschafft und durch feste Kojen ersetzt. Das Schiff hat auch schon eine zweimalige Remotorisierung erfahren.

Der ursprüngliche 750 PS starke Dieselmotor wurde Anfang der 1980er-Jahre durch einen Motor von 1000 PS ausgetauscht. Im Jahr 2017 fand erneut ein Wechsel statt. Die »Eagle« ist jetzt mit einem 1360 PS starkem MTU Dieselmotor modernster Bauart ausgerüstet.

Auf Auslandsreisen, die die »Eagle« auch nach Australien und Europa führten, ist das Schiff ein gern gesehener Gast. Den Höhepunkt ihrer Laufbahn erlebte die Bark 1976 anlässlich der 200-Jahr-Feier der amerikanischen Unabhängigkeit. Als Spitzenschiff führte sie die große New-York-Windjammerparade an. Ebenso war sie im Jahr 2000 Flaggschiff der Sail New York. Überwiegend ist das amerikanische Segelschulschiff an der Ostküste Nord- und Südamerikas sowie in der Karibik unterwegs.

*04 Die Bark »Eagle« vor der* **Golden Gate Bridge** *in San Francisco. (Foto: Coast Guard News / CC-By-SA 2.0)*

*05 Ohne Segel und* **mit Motorkraft unterwegs**. *(Foto: USCG)*

*06 Die* **Besatzung** *beim Festmachen der aufgegeiten Segel. (Foto: USCG)*

*07 Das Segelschulschiff »Eagle« ist vor der* **Freiheitsstatue** *in New York vor Anker gegangen. (Foto: USCG)*

# Viermasttoppsegelschoner *»Esmeralda«*

01

## »Esmeralda«

| | |
|---|---|
| **Schiffstyp** | *Viermasttoppsegelschoner* |
| **Flaggenstaat** | *Chile* |
| **Bauwerft** | *Echevarrieta y Larrinaga, Cádiz, Spanien* |
| **Stapellauf** | *12. Mai 1953* |
| **Verdrängung** | *3673 t* |
| **Länge x Breite x Tiefgang** | *113 x 13,10 x 7 m* |
| **Besatzung/Kadetten** | *199 /129* |
| **Segelanzahl/Segelfläche** | *21 / 2870 m²* |
| **Antrieb/Antriebsleistung** | *1 x Dieselmotor/1 x 2000 PS* |
| **Geschwindigkeit** | *17 kn (Segel)/ 3 kn (Motor)* |

02

Im Jahre 1946 erfolgte auf der Werft Echevarrieta y Larrinaga in Cádiz die Kiellegung für ein neues Segelschulschiff der Spanischen Marine. Es sollte die im Dienst befindliche »Juan Sebastian de Elcano« ersetzen und nach deren Vorbild gebaut werden. Als Schiffsname war »Juan de Austria« vorgesehen. Im August 1947 beschädigte ein Großbrand auf der Bauwerft auch den Neubau nachhaltig. Das Bauvorhaben kam zum Stillstand.
Schließlich ging es dann doch noch weiter, aber nicht mehr für Spanien. In einem Kompensationsgeschäft mit Chile kam es zum Verkauf des unfertigen Schiffes. Hintergrund war, dass Spanien angehäufte Schulden gegenüber Chile nicht bezahlen konnte.
Am 12. Mai 1953 lief das Schiff dann als »Esmeralda« vom Stapel und stellte am 15. Juni 1954 als Schulschiff für die Chilenische Marine in Dienst.

Der Viermasttoppsegelschoner »Esmeralda« wird technisch immer auf dem aktuellen Stand gehalten. Er ist ein sehr aktives Schiff, das regelmäßig an Windjammertreffen teilnimmt und längere weltweite Ausbildungsreisen durchführt. Sechs Monate Abwesenheit oder 18.000 zurückgelegte Seemeilen sind dabei keine Seltenheit.
Bleibt noch zu erwähnen: Das als Schwesterschiff anzusehende spanische Segelschulschiff »Juan Sebastian de Elcano« ist immer noch im Dienst der Spanischen Marine.

01 *Der vor Anker liegende Viermasttoppsegelschoner* **»Esmeralda«**. *(Foto: Carlos Figueroa / CC-BY-SA 4.0)*

02 *Der* **Viermasttoppsegelschoner** *»Esmeralda« wird bei einem Auslandsbesuch durch Schlepper auf seinen Liegeplatz bugsiert. (Foto: US Navy)*

03 *Der in der Nacht* **stimmungsvoll angestrahlte** *Viermasttoppsegelschoner »Esmeralda«. (Foto: US Navy)*

03

# Bark »*Europa*«

01

## »Europa«

| | |
|---|---|
| **Schiffstyp** | *Bark* |
| **Flaggenstaat** | *Niederlande* |
| **Bauwerft** | *H. C. Stülcken & Sohn, Hamburg, Deutschland* |
| **Stapellauf** | *1911* |
| **Verdrängung** | *303 t* |
| **Länge x Breite x Tiefgang** | *56 x 7,45 x 3,90 m* |
| **Besatzung/Trainees** | *10/50* |
| **Segelanzahl/Segelfläche** | *24/1250 m²* |
| **Antrieb/Antriebsleistung** | *2 x Dieselmotor/2 x 365 PS* |
| **Geschwindigkeit** | *13 kn (Segel)/10 kn (Motor)* |

02

Die Bark »Europa« lief bereits im Jahre 1911 bei der Werft H. C. Stülcken & Sohn in Hamburg als Feuerschiff »Senator Brockes« vom Stapel. Auf mehreren Feuerschiffspositionen – unter anderem als ELBE 4 – kam das Schiff zum Einsatz und stellte im Jahr 1977 außer Dienst.

Durch Verkauf und über Zwischenstationen gelangte das Schiff 1987 in die Niederlande und wurde dort innerhalb mehrerer Jahre zu einer Bark umgebaut. Wie alle alten Feuerschiffe hatte auch die »Senator Brockes« einen Segelschiffsrumpf und war daher für ein solches Vorhaben bestens geeignet. Eigner des jetzt in »Europa« umbenannten Schiffes ist die Rederij Bark Europa B.V. in Rotterdam.

Die »Europa« ist eines der wenigen Segelschiffe, die noch Skysegel führen. Außerdem hat sie zur normalen Besegelung noch sechs Leesegel, sodass sie insgesamt auf eine Anzahl von 30 Segeln kommt.

03

Die Bark »Europa« unternahm 1993 ihre erste Reise. Sie ist seither weltweit als Charterschiff im Einsatz und hat schon mehrmals die Welt umsegelt sowie Kap Hoorn umrundet. Im Jahr 2007 ist sie seit Jahrzehnten als erster Großsegler unter Segeln wieder in die Antarktis gefahren. Auf der »Europa« besteht eine Mitnahmekapazität von 50 sogenannten Trainees oder alternativ von 100 Tagesgästen.

*01 Die Bark »Europa« ist heute eines der wenigen Segelschiffe, die* ***Skysegel*** *führen. (Foto: Zeglarz)*

*02 Die Bark* ***»Europa«*** *in eisigen Gewässern. (2 Fotos: Rob Oo / CC-BY-SA 2.0)*

*03* ***Eisberge*** *überragen den 36 Meter hohen Großmast der »Europa«.*

# Vollschiff »*Georg Stage*«

## »Georg Stage«

| | |
|---|---|
| **Schiffstyp** | *Vollschiff* |
| **Flaggenstaat** | *Dänemark* |
| **Bauwerft** | *Frederikshavns Værft & Flydedok, Frederikshavn, Dänemark* |
| **Stapellauf** | *22. September 1934* |
| **Vermessung** | *396 t* |
| **Länge x Breite x Tiefgang** | *54 x 8,50 x 4,20 m* |
| **Besatzung/Kadetten** | *10/63* |
| **Segelanzahl/Segelfläche** | *20/860 m²* |
| **Antrieb/Antriebsleistung** | *1 x Dieselmotor/1 x 200 PS* |
| **Geschwindigkeit** | *12 kn (Segel)/5 kn (Motor)* |

02

Das Segelschulschiff »Georg Stage« lief am 22. September 1934 bei der Frederikshavns Værft & Flydedok in Frederikshavn vom Stapel. Es ist der zweite Namensträger und im Besitz der Georg-Stage-Stiftung. Die Namensgebung des kleinsten Vollschiffes der Welt geht zurück auf den Sohn Georg des Reeders und Gründers der Stiftung Carl Frederik Stage. Seit über 120 Jahren bildet die Stiftung seemännischen Nachwuchs für die dänische Handelsmarine aus.

Aus Sicherheits- und Stabilitätsgründen hat das Schiff einen Doppelboden, 145 Tonnen Festballast und Volumen für 23 Tonnen Wasserballast sowie fünf Querschotten. Seefahrten finden in der Regel über das Sommerhalbjahr in europäischen Gewässern statt. Zum ersten Mal überquerte die »Georg Stage« im Jahre 1989 den Atlantik in Richtung Karibik und besuchte Nordamerika.
Über Winter liegt die »Georg Stage« abgetakelt in ihrem Heimathafen Kopenhagen.

Die Ausbildung auf der »Georg Stage« ist wesentlich konservativer als auf anderen Segelschulschiffen. Die 15- bis 18-jährigen Kadetten – Jungen und Mädchen – tragen Uniform, schlafen in Hängematten und sind für die gesamte Instandhaltung des Schiffes zuständig.

03

*01 Das Vollschiff* ***»Georg Stage«*** *liegt in der ehemaligen Hafenmarinebasis Nyholm Kopenhagen an der Pier. (Foto: DanNav / CC-BY-SA 3.0)*

*02* ***Vollschiff*** *»Georg Stage«. (Foto: Wolfgang Fricke / CC-BY-SA 2.0)*

*03 Das* ***Segelschulschiff*** *»Georg Stage« als Ankerlieger. (Foto: Ronnie Robertson / CC-BY-SA 2.0)*

# Bark »*Gloria*«

01

## »Gloria«

| | |
|---|---|
| **Schiffstyp** | *Bark* |
| **Flaggenstaat** | *Kolumbien* |
| **Bauwerft** | *Astilleros y Talleres Celaya, Bilbao, Spanien* |
| **Stapellauf** | *2. Dezember 1967* |
| **Verdrängung** | *1300 t* |
| **Länge x Breite x Tiefgang** | *76 x 10,60 x 4,50 m* |
| **Besatzung/Kadetten** | *65/80* |
| **Segelanzahl/Segelfläche** | *23/1693 m²* |
| **Antrieb/Antriebsleistung** | *1 x Dieselmotor/1 x 530 PS* |
| **Geschwindigkeit** | *13 kn (Segel)/10 kn (Motor)* |

Der praktische Wert von Segelschulschiffen ist für die Ausbildung unbestritten. So gab auch die Kolumbianische Marine bei Astilleros y Talleres Celaya im spanischen Bilbao eine Bark in Auftrag. Das Schulschiff lief am 2. Dezember 1967 vom Stapel und erhielt den Namen »Gloria«.

Die Werft ließ sich bei dem Schiffsentwurf von der deutschen »Gorch Fock« inspirieren. Weitere ähnliche Schiffe folgten mit den Barken »Guayas« (Ecuador), »Simon Bolivar« (Venezuela) und »Cuauhtémoc« (Mexiko), die auf der gleichen Werft gebaut wurden.

Unverkennbar ist das kompakte Brückenhaus der »Gloria«, das in seiner technischen Ausrüstung modernsten Anforderungen entspricht.
Gleich auf ihrer ersten großen Reise, die im Januar 1970 begann, umrundete die »Gloria« den Globus und nahm dabei auch in Sydney an den Feierlichkeiten und dem Großseglertreffen anlässlich der 200sten Wiederkehr der Entdeckung Australiens durch James Cook teil.

Die kolumbianische Regierung nutzt das Schiff auch intensiv für die Eigenwerbung. Es ist auf vielen Reisen weltweit unterwegs und häufig auch in Europa zu sehen. Die »Gloria« zeigt sich dabei immer als gute Botschafterin ihres Landes.

*02*

*03*

*01 Das Segelschulschiff der Kolumbianischen Marine* ***»Gloria«*** *läuft in einen Auslandshafen ein. Die Besatzung ist in den Landesfarben rot, blau und gelb im Fock- und Großmast zur Paradeaufstellung angetreten. (Foto: Jim Henderson)*

*02 Die »Gloria«, von der Abendsonne beschienen* ***an der Pier liegend****. (Foto: Luz A. Villa / CC-BY-SA 2.0)*

*03 Die »Gloria« nahm im August 2015 an der* ***Sail Bremerhaven*** *teil. An der Pier liegend ist sie über die Toppen geflaggt und führt, wie auch bei anderen süd- und mittelamerikanischen Marinen in Auslandshäfen üblich, eine übergroße Nationalflagge am Heck. (Foto: Hans Karr)*

# Bark »*Gorch Fock*«

**A Klüverbaum**
1 Jager
2 Außenklüver
3 Innenklüver
4 Vorstengestagsegel

**B Fockmast**
5 Vorroyalsegel
6 Vorbramsegel
7 Vorobermarssegel
8 Voruntermarssegel
9 Fock

**C Großmast**
10 Großroyalstengestagsegel
11 Großbramstengestagsegel
12 Großstengestagsegel
13 Großroyalsegel
14 Großbramsegel
15 Großobermarssegel
16 Großuntermarssegel
17 Großsegel

**D Besanmast**
18 Besanbramstengestagsege
19 Besanstengestagsegel
20 Besanstagsegel
21 Besantoppsegel
22 Oberbesan
23 Unterbesan

## »Gorch Fock«

| | |
|---|---|
| **Schiffstyp** | *Bark* |
| **Flaggenstaat** | *Deutschland* |
| **Bauwerft** | *Blohm+Voss, Hamburg, Deutschland* |
| **Stapellauf** | *23. August 1958* |
| **Verdrängung** | *2006 t* |
| **Länge x Breite x Tiefgang** | *89,32 m x 12 m x 5,50 m* |
| **Besatzung/Kadetten** | *85/138* |
| **Segelanzahl/Segelfläche** | *23/2037 m²* |
| **Antrieb/Antriebsleistung** | *1 x Dieselmotor/1 x 1660 PS* |
| **Geschwindigkeit** | *14 kn (Segel)/12 kn (Motor)* |

02

Die »Gorch Fock« ist das wohl bekannteste Schiff der Deutschen Marine. Lange Zeit war das Segelschulschiff Motiv auf dem 10-DM-Schein und ging so im wahrsten Sinne des Wortes durch alle Hände.

Am 24. Februar 1958 auf Stapel gelegt, stellte die »Gorch Fock« schon zehn Monate später in Dienst. Diese kurze Bauzeit lässt sich dadurch erklären, weil ohne große Änderungen die Bauunterlagen aus der Vorkriegszeit zu den Segelschulschiffen »Gorch Fock« (heute Museumsschiff), »Horst Wessel« (heute »Eagle«) und »Albert Leo Schlageter« (heute »Sagres«) der Kriegsmarine wieder genutzt werden konnten. Des Weiteren lagerten auf der Hamburger Bauwerft Blohm+Voss noch große Teile der Takelage, die für die »Herbert Norkus« (siehe unten) bestimmt waren, den Krieg überlebt hatten und nun Verwendung fanden.

*01 Das Segelschulschiff* ***»Gorch Fock«*** *der Deutschen Marine. (Foto: Deutsche Marine)*

*02 Die Segelschulschiffe* ***»Gorch Fock«*** *(r.) und* ***»Kruzenshtern«*** *(l.). (Foto: Archiv Autor)*

*03 Die »Gorch Fock« besuchte im Mai 2015 das* ***Hamburger Hafenfest****. (Foto: Hans Karr)*

03

04

05

Der Bau der »Gorch Fock« war in der Öffentlichkeit durch die Diskussion geprägt, ob eine Segelschiffsausbildung überhaupt noch zeitgemäß sei. Ausgelöst wurden die Debatten insbesondere durch das tragische Ende der unter Handelsflagge fahrenden Viermastbark »Pamir«, die am 21. September 1957 in einem Orkan etwa 600 Seemeilen südwestlich der Azoren unter anderem durch übergehende Ladung gesunken war. »Ein Segelschulschiff der Marine fährt erstens keine Ladung und besitzt zweitens eine außerordentlich hohe Stabilität«, erklärte der damalige Inspekteur der Marine, Vizeadmiral Friedrich Ruge, den Kritikern. Die »Gorch Fock« der Bundesmarine wäre aber in Folge dieser Diskussionen beinahe nicht gebaut worden. Den Namen erhielt das Segelschulschiff nach dem norddeutschen Schriftsteller Johann Kinau, der sich in seinen Werken unter dem Pseudonym Gorch Fock der Seefahrt widmete. Als Besatzungsmitglied auf dem Kleinen Kreuzer »Wiesbaden« ist er in der Skagerrakschlacht gefallen.

Seit ihrer Indienststellung am 17. Dezember 1958 ist die der Marineschule Mürwik in Flensburg unterstellte Bark ständiger Teilnehmer an den internationalen Großseglertreffen. Bei den Regatten ging sie häufig als Sieger ins Ziel; zumindestens belegte sie regelmäßig die vorderen Plätze. Die erste Fahrt führte das Segelschulschiff im August/September 1959 nach Santa Cruz de Tenerife und 65 Jahre später beginnt im September 2014 ihre 165. Auslandsreise. Die Deutsche Marine erklärt vor einigen Jahren auf ihrer Internet-Seite, warum die »Gorch Fock« in dieser langen Zeit nichts an Bedeutung verloren hat: »Die Seemannschaft als berufsspezifische Grundlage der Seefahrt kann nur auf einem von Wind und Wetter abhängigen Segler glaubhaft vermittelt werden. Außerdem erziehen die ungewohnte Enge und der Mangel an Komfort zur Kameradschaft, Rücksichtnahme und fördern den Teamgeist. Dies sind alles Eigenschaften, die für den Dienst an Bord auch der modernen Boote und Schiffe unerlässlich sind.« Weiterhin wird ausgeführt: »Die ‚Gorch Fock' hat sich als ‚Botschafter in Blau' für die Verbesserung zwischenstaatlicher Beziehungen einerseits und als Ausbildungsschiff für den Führungsnachwuchs sowie als Werbeträger für die Marine im Inland andererseits so sehr bewährt, dass auch in absehbarer Zukunft die Deutsche Marine auf diesen Großsegler nicht verzichten will und kann.«

06

08

07

04 *Das* **Segelschulschiff »Gorch Fock**« *der Deutschen Marine. (Foto: Deutsche Marine)*

05/06 *Die »Gorch Fock« an ihrem heutigen Liegeplatz im* **Kieler Marinestützpunkt**. *(Fotos: Hans Karr)*

07 *Die »Gorch Fock« war lange Jahre* **Motiv** *auf dem 10-DM-Schein. (Foto: Archiv Autor)*

08 *Die »Gorch Fock« im September 1973 an der* **Blücherbrücke**, *dem damaligen ständigen Liegeplatz in Kiel. (Foto: Hans Karr)*

Im Mai 1988 besuchte die »Gorch Fock« als erstes deutsches Kriegsschiff mit Haifa einen israelischen Hafen. Eine schwierige diplomatische Mission galt es von der Besatzung dabei zu erfüllen. Der deutsche Botschafter in Israel betonte damals, dass mit der Visite symbolisiert werde, dass es sich um Vertreter eines neuen Deutschlands handle, das sich mit Israel eng verbunden fühlt.

Nach ihrer 168. Auslandsausbildungsreise ging die »Gorch Fock« im November 2015 zu einer planmäßigen Grundüberholung in die Elsflether Werft, die im Sommer 2016 beendet sein sollte. Doch nach Beginn der Arbeiten und nachdem alle Teile der Bark für detaillierte Untersuchungen zugänglich waren, erwies sich der Zustand des Schiffes wesentlich schlechter als angenommen.

Wegen der bedeutenden Mehrkosten, die auch durch schwerwiegende Unregelmäßigkeiten bei der Werft verursacht wurden, stand sogar die Außerdienststellung der Bark zur Debatte. Deshalb wurden zwei Optionen unter wirtschaftlichen Gesichtspunkten gegeneinander abgewogen:

- Instandsetzung und weiterer Betrieb über die ursprüngliche Nutzungsdauer hinaus
- Neubau eines Schiffes und die erforderliche Zwischenlösung.

Letztendlich wurde die Fortführung der Generalüberholung beschlossen. Nachdem sich diese immer weiter zeitlich hinzog und die ausführende Werft 2019 auch noch in Insolvenz ging, musste die Instandsetzung der »Gorch Fock« von der Fr. Lürssen Werft in Vegesack übernommen werden. Im Oktober 2021 erhielt die Deutsche Marine ihr Segelschulschiff endlich wieder für den Ausbildungsbetrieb zurück. Die »Gorch Fock« soll jetzt eine erneute Nutzungsdauer über das Jahr 2040 hinaus haben. Im März 2023 verließ das Segelschulschiff der Deutschen Marine nach einer langen Winterpause seinen Heimathafen Kiel zu seiner vier Monate dauernden 175. Auslandsausbildungsreise. Zunächst ging es Richtung Süden, nach Spanien und Portugal. Der Rückweg führte das Schiff über Irland zurück nach Kiel.

Seit der Indienststellung im Dezember 1958 wurden etwa 15.000 Offizier- und Unteroffizieranwärter auf den Planken der »Gorch Fock« ausgebildet. Im Verlauf der Ausbildungsreisen besuchte sie bisher rund 390 Häfen in knapp 60 Ländern auf fünf Kontinenten und legte dabei mehr als 750.000 Seemeilen zurück, was umgerechnet 35 Erdumrundungen entspricht.

09

10

In der Zwischenzeit fand in den Sommermonaten von 2017 und 2018 die Ausbildung der Marineoffiziersanwärter auf dem rumänischen Schwesterschiff »Mircea« statt. Im März 2019 sowie nochmals im November und Dezember segelte ein Teil der Stammbesatzung des Marineschiffes zur Wiederauffrischung der fachlichen Kenntnisse auf der Bark »Alexander von Humboldt II« mit. Ab Januar 2020 folgte auch als weitere Zwischenlösung die Ausbildung von Offiziersanwärtern der Deutschen Marine auf dem zivilen Segelschiff.

Damit hatte sich mehrmals ein Verfahren aus dem Jahre 2000 wiederholt, wo ebenfalls auf Grund einer planmäßigen längeren Werftliegezeit des Segelschulschiffes auf die norwegische Bark »Statsraad Lehmkuhl« zu Ausbildungszwecken zurückgegriffen wurde.

Bleibt noch ein wirkliches Kuriosum zu erwähnen. Im Sommer 1981 kam in Konstanz im Maßstab 1:3 ein Großmodell der »Gorch Fock« auf dem Bodensee zu Wasser.

Der Erbauer wollte den 17 Tonnen verdrängenden und 26 Meter langen Klein-Windjammer gewerblich nutzen und damit Touristen auf dem »Schwäbischen Meer« zur See schippern. Doch wegen gravierender konstruktiver, baulicher und technischer Mängel erhielt das Fahrzeug vom Schifffahrtsamt keine Betriebsgenehmigung.

11

12

13

Zwei Jahre später wurde dieser Nachbau ohne je richtig in Fahrt gekommen zu sein wieder verschrottet.

Nachfolgend noch einige Informationen zur Bark »Herbert Norkus«, die, wenn auch nicht fertiggestellt, ebenfalls zu den bereits erwähnten vier Schwesterschiffen der »Gorch Fock« zu zählen ist.

Die Kriegsmarine orderte 1939 bei der Blohm+Voss in Hamburg ein viertes Segelschulschiff, das nach den Plänen der »Horst Wessel« und der »Albert Leo Schlageter« gebaut werden sollte. Für das neue Schulschiff war der Name »Herbert Norkus« vorgesehen. Kriegsbedingt kam es jedoch nicht zum Fertigbau. Da die Helling für den kriegswichtigeren U-Bootsbau benötigt wurde, fand am 7. November 1939 ein Notstapellauf ohne Taufe statt. Der Schiffskörper diente auf der Werft während des Krieges als Wohnschiff für Baubelehrungseinheiten. Das unfertige Schiff, das durch Luftangriffe Schäden davongetragen hatte, wurde 1945 durch die britische Besatzungsmacht beschlagnahmt und 1947 mit Gasmunition beladen im Skagerrak versenkt.

14

*09 Die Bark »Gorch Fock« lief am 23. August 1958 auf ihrer* **Hamburger Bauwerft Blohm+Voss vom Stapel**. *(Foto: Blohm+Voss)*

*10 Das Segelschulschiff* **»Gorch Fock«** *strahlt nach seiner fast sechs Jahre dauernden Instandsetzung wieder in neuem Glanz. (Foto: Deutsche Marine)*

*11 Das Segelschulschiff »Gorch Fock« liegt während der Bauphase bei* **Blohm+Voss im Schwimmdock**. *Am linken Bildrand ist das Vorschiff der von ihrer letzten Reise zurückgekommenen und nun ebenfalls in einem Schwimmdock liegenden Viermastbark »Passat« zu erkennen. (Foto: Blohm+Voss)*

*12 Am* **Großmast** *sind alle Segel gesetzt. (2 Fotos: Hans Karr)*

*13 Ein Blick vom Großmast auf das* **Vorschiff** *der »Gorch Fock«.*

*14 Auf dem* **Zeitungsausschnitt** *vom November 1981 ist die »Gorch Fock« als Nachbau im Maßstab 1:3 auf dem Bodensee zu sehen. Das Projekt hatte allerdings keine Zukunft. (Foto: Archiv Autor)*

# Ostindienfahrer »*Götheborg*«

## »Götheborg«

| | |
|---|---|
| **Schiffstyp** | *Ostindienfahrer* |
| **Flaggenstaat** | *Schweden* |
| **Bauwerft** | *Terra Nova, Göteborg, Schweden* |
| **Stapellauf** | *6. Juni 2003* |
| **Verdrängung** | *1150 t* |
| **Länge x Breite x Tiefgang** | *58,50 x 11 x 5,30 m* |
| **Besatzung/Trainees** | *20/50* |
| **Segelanzahl/Segelfläche** | *26/1964 m²* |
| **Antrieb/Antriebsleistung** | *2 x Dieselmotor/2 x 550 PS* |
| **Geschwindigkeit** | *6 kn (Segel)/8 kn (Motor)* |

02

Der schwedische Ostindienfahrer »Götheborg« ist ein besonderes Schiff. Es ist die Replik eines gleichnamigen Schiffes, das von der 1731 bis 1813 existierenden Schwedischen Ostindischen Kompanie bereedert wurde. Das Original entstand 1738. Am 12. September 1745 kehrte das Schiff schwer beladen zu seinem Heimathafen Göteborg zurück. Doch auf den letzten Seemeilen vor dem Erreichen des Hafens lief der Segler auf einen Felsen und sank. Ein großer Teil der Ladung – bestehend aus Tee, Porzellan und Silber – konnte damals geborgen werden, so dass sich trotz des Schiffsverlustes die Reise bezahlt gemacht hatte. Im Jahre 1788 trat eine zweite »Götheborg« ihre erste Frachtreise an. Sie ging sieben Jahre später am 12. Mai 1795 bei den Shetland Inseln verloren.

Im Jahre 1984 entdeckten Taucher der Schwedischen Meeresarchäologischen Gesellschaft das Wrack der ersten »Götheborg«. In mehrjähriger Arbeit konnten nochmals Teile der Ladung geborgen werden. Außerdem gewann man Erkenntnisse über den Bau des Ostindienfahrers. So gründete sich 1992 ein Freundeskreis, der sich zum Ziel machte, das Schiff möglichst originalgetreu als dritte »Götheborg« wieder neu entstehen zu lassen. Hierzu wurde eigens für den Bau der Replik in Göteborg die Werft Terra Nova eingerichtet. Genutzt wurde dabei das Gelände der ehemaligen Eriksberg Werft. Das sich über mehrere Jahre hinziehende Projekt im Umfang von 250 Millionen Schwedischen Kronen wurde durch Spenden (40 %) und Sponsorengeldern (60 %) finanziert.

Mit den damals zur Verfügung stehenden Materialien wie zum Beispiel Eichen- und Kiefernholz, handgeschmiedeten Nägeln und handgeflochtenem Tauwerk entstand nach und nach der neue Ostindienfahrer. Für den Rumpf galt es 3000 Kubikmeter skandinavisches Eichenholz zu beschaffen. In der Takelage sind etwa 1000 aus Ulmenholz handgefertigte

03

01 *Am 2. Oktober 2005 verlässt der* **nachgebaute Ostindienfahrer »Götheborg«** *seinen Heimathafen zu seiner ersten großen Reise mit Ziel China. (Foto: Archiv Autor)*

02 *Die* **»Götheborg«** *schießt Salut. (Foto: Pöllö / CC-BY-SA 3.0)*

03 *Die »Götheborg« im August 2015 zu Besuch in* **Bremerhaven**. *(Foto: Hans Karr)*

04

05

06

07

Holzteile verbaut. Fichtenholz wurde für die Rahen verwendet. Die 26 Segel bestehen aus handgenähtem englischen Leinen.
Die »Götheborg« ist mit zehn Kanonen bewaffnet. Beim Original waren sie einst zur Verteidigung gegen Piraten notwendig und überlebenswichtig. Heute dienen sie bei entsprechend Anlässen zum Salutschießen.

Für die Teilnahme am öffentlichen Seeverkehr sowie für seemännisch und nautisch sichere Fahrten auf Hoher See sind hingegen modernste Technik und Elektronik vorhanden. Außerdem ist die »Götheborg« mit zwei jeweils 550 PS starken Dieselmotoren ausgestattet.
Die feierliche Kiellegung der neuen »Götheborg« fand am 11. Juni 1995 statt. Am 6. Juni 2003 erfolgte der Stapellauf. Die Schiffstaufe vollzog die Schwedische Königin Sylvia am 3. September 2004. Die Probefahrten konnten am 18. April 2005 beginnen.
Im Oktober 2005 lief der Ostindienfahrer »Götheborg« schon zu seiner ersten Reise aus. Den Spuren der historischen Vorgängerin folgend war das Ziel China. In den Häfen Guangzhou, Schanghai und Hongkong wurde der »Götheborg« eine Menge Aufmerksamkeit zuteil. Von schwedischer Seite nutzte man die Möglichkeit zur Präsentation der schwedischen Kultur und der technischen Leistungsfähigkeit des Landes.
Erst im Juni 2007 kehrte die »Götheborg« wieder zurück nach Schweden. In den drauffolgenden Jahren segelte sie überwiegend in schwedischen Gewässern. Das Schiff nimmt seither aber auch an vielen Großseglerveranstaltungen teil. Es ist sich immer einer großen Zahl von auf der Pier stehenden »Sehleuten« sicher.

*04 An den **Holzrahen aufgegeite Segel**. (Foto: Alf van Beem / CC-BY-SA 1.0)*

*05 Das **kunstvoll verzierte Heck** der »Götheborg«. ( 3 Fotos: Hans Karr)*

*06 Eine der **Bordkanonen** der »Götheborg«. Sie dient heute nur noch dem Salutschießen.*

*07 Die aus Holz und Naturfasertauwerk bestehende **Takelage** der »Götheborg«.*

*08 **Originale Rudertechnik** wie vor 300 Jahren. (Foto: Stewart / CC-BY-SA 2.5)*

*09 Die bedrohlich wirkende **Galionsfigur** der »Götheborg«. (Foto: Hans Karr)*

08

09

# Bark »*Guayas*«

01

## »Guayas«

| | |
|---|---|
| **Schiffstyp** | *Bark* |
| **Flaggenstaat** | *Ecuador* |
| **Bauwerft** | *Astilleros y Talleres Celaya, Bilbao, Spanien* |
| **Verdrängung** | *22. Oktober 1976* |
| **Vermessung** | *1218 t* |
| **Länge x Breite x Tiefgang** | *78,40 x 10,70 x 4,50 m* |
| **Besatzung/Kadetten** | *155/80* |
| **Segelanzahl/Segelfläche** | *23/1611 m²* |
| **Antrieb/Antriebsleistung** | *1 x Dieselmotor/1 x 710 PS* |
| **Geschwindigkeit** | *14 kn (Segel)/12 kn (Motor)* |

02

03

Beim Schiffsentwurf der Bark »Guayas« der Ecuadorianischen Marine ließ sich die Bauwerft Astilleros y Talleres Celaya im spanischen Bilbao von der deutschen »Gorch Fock« inspirieren. Weitere ähnliche Schiffe sind die Barken »Gloria« (Kolumbien), »Simon Bolivar« (Venezuela) und »Cuauhtémoc« (Mexiko), die ebenfalls auf der gleichen Werft gebaut wurden.

Die Bark »Guayas«, die am 22. Oktober 1976 vom Stapel lief, hat einen Schiffsnamen erhalten, der das nationalbewusste Herz der ecuadorianischen Bevölkerung gleich viermal höherschlagen lässt:

- Guayas vom Stamme der Guayaquil war einer der größten Häuptlinge des Landes
- Guayas ist der größte Fluss von Ecuador
- Guayas ist eine nach dem Fluss benannte Provinz
- Guayas ist der Name des ersten 1841 auf der Werft von Guayaquil gebauten Dampfers

Seit ihrer Indienststellung am 23. Juli 1977 nimmt die »Guayas« an den internationalen Großseglerregatten und anderen Windjammertreffen teil. Auch in europäischen Häfen ist das Schiff als Botschafterin seines Landes häufig zu sehen.

*01 Das Segelschulschiff* ***»Guayas«*** *der Ecuadorianischen Marine passiert beim Einlaufen in New York die Freiheitsstatue. (Foto: US Navy)*

*02* **Segelschulschiff** *»Guayas«. (Foto: wrobell / CC-By-SA 3.0)*

*03 Die Bark »Guayas« hat eine* **stilvoll gestaltete Heckverzierung**. *(Foto: Hans Karr)*

*04 Das Segelschulschiff »Guayas« hat in einem Auslandshafen festgemacht und ist* **über die Toppen geflaggt**. *(Foto: Cephas / CC-BY-SA 4.0)*

04

# Viermasttoppsegelschoner »*Juan Sebastian de Elcano*«

01

## »Juan Sebastian de Elcano«

| | |
|---|---|
| **Schiffstyp** | *Viermasttoppsegelschoner* |
| **Flaggenstaat** | *Spanien* |
| **Bauwerft** | *Echevarrieta y Larrinaga, Cádiz, Spanien* |
| **Stapellauf** | *5. März 1927* |
| **Verdrängung** | *3754 t* |
| **Länge x Breite x Tiefgang** | *113,10 x 13,20 x 6,60 m* |
| **Besatzung/Kadetten** | *180/60* |
| **Segelanzahl/Segelfläche** | *20/3151 m²* |
| **Antrieb/Antriebsleistung** | *1 x Dieselmotor/1 x 1521 PS* |
| **Geschwindigkeit** | *16,5 kn (Segel)/10 kn (Motor)* |

*02*

Das betagte Segelschulschiff »Juan Sebastian de Elcano« der Spanischen Marine gehört mit zu den größten und prächtigsten heute noch aktiven Windjammern. Der ursprünglich einmal vorgesehene Name »Minerva« kam allerdings nicht zustande. Durch ein königliches Dekret vom 17. April 1925 wurde dieser wieder verworfen. Daher lief das Schiff am 5. März 1927 auf der Werft Echevarrieta y Larrinaga in Cádiz als »Juan Sebastian de Elcano« vom Stapel. Der Namensträger Juan Sebastian de Elcano (1486–1526) war der einzige von Ferdinand Magellans Kapitänen, der im September 1522 mit seinem Schiff »Victoria« und 17 Überlebenden die Weltumsegelung beenden konnte. Mit der chilenischen »Esmeralda« hat die »Juan Sebastian de Elcano« ein Schwesterschiff.

Der Segler ist als Viermasttoppsegelschoner getakelt. Er fährt die alte originelle Schonertakelung. Das heißt: Alle Gaffeln werden vorgeheißt und niedergeholt. Die Segel sind mit Legeln am Mast befestigt.

Mit seiner prächtigen Innenausstattung – unter anderem teure Mahagoni-Hölzer und Messinginventar – gehört der Riesenschoner zu den wenigen Schiffen, die sowohl einerseits technisch auf dem neuesten Stand stehen als auch andererseits das Flair einer repräsentativen Staatsjacht aufweisen. Mehrere Grundüberholungen verbesserten im Laufe der Jahre Komfort und Wohnverhältnisse.
Die »Juan Sebastian de Elcano« ist mit einem 1521 PS starken Dieselmotor ausgerüstet, dessen Abgase über den als Nautilus bezeichneten Besanmast abgeleitet werden.

Die erste Seereise nach ihrer Indienststellung am 17. August 1928 führte die »Juan Sebastian de Elcano« von Cádiz nach Malaga durch. Hierzu hatte sich an Bord der damalige König Alfonso XIII. eingeschifft. Seither hat das Segelschulschiff eine lange Reihe von Ausbildungsfahrten unternommen. Ganze Generationen von Marineoffizieren wurden auf dem Schiff ausgebildet.

*03*

*01 Viermasttoppsegelschoner* **»Juan Sebastian de Elcano«**. *(Foto: Marc Rochkind / CC-BY-SA 4.0)*

*02 Der Viermasttoppsegelschoner »Juan Sebastian de Elcano« in Begleitung zahlreicher Sportboote. Der verrußte schwarze Masttopp des* **Besanmastes** *weist auf die Anordnung der Abgasableitung des Dieselmotors hin. (Foto: Elentir / CC-BY-SA 2.0)*

*03 Die »Juan Sebastian de Elcano« in der* **Abendsonne**. *(Foto: Elentir / CC-BY-SA 2.0)*

04

Auch mehrere Angehörige des heutigen spanischen Königshauses sind als Kadetten auf dem Segelschulschiff gefahren.

Die »Juan Sebastian de Elcano« kann zehn Weltreisen aufweisen. Diesbezüglich hält sie unter den heutigen Großseglern, den Rekord. Auf eine Kap-Hoorn-Umrundung kann das Schiff jedoch noch nicht zurückblicken. Darüber hinaus hat die »Juan Sebastian de Elcano« mittlerweile schon 1,5 Millionen Seemeilen auf ihrem Kiel zurücklegt.

Während der Operation Sail 1976 kollidierte bei der Aufstellung zur Wettfahrt nach Newport vor den Bermuda Inseln die »Juan Sebastian de Elcano« mit dem argentinischen Segelschulschiff »Libertad« und erlitt schwere Schäden an der Vorschiffstakelage. Der Klüverbaum, mehrere Klüverstagen und die Toppstenge des Vormastes gingen bei der Havarie zu Bruch. Die Kollisionsgegnerin »Libertad« kam mit einem zerrissenen Segel glimpflich davon.

05

*04 Die* ***»Juan Sebastian de Elcano«*** *kurz vor dem Einlaufen in einen Hafen. (Foto: Beninho / CC-BY-SA 2.5)*

*05 Der* **Viermasttoppsegelschoner** *»Juan Sebastian de Elcano« hat in einem Hafen festgemacht. (Foto: Contando Estrelas / CC-BY-SA 2.0)*

06

07

08

06 *Der* **Viermasttoppsegelschoner** *»Juan Sebastian de Elcano« vor der Küste. (Foto: juantiagues / CC-BY-SA 2.0)*

07 *Die »Juan Sebastian de Elcano« besuchte im Juni 2019 die* **Kieler Woche***. Hier ist sie in den frühen Morgenstunden an der Tirpitzmole des Marinestützpunktes Kiel zu sehen. (Foto: Hans Karr)*

08 *Eine gekrönte Frauengestalt ziert als* **Galionsfigur** *den Bug der »Juan Sebastian de Elcano«. (Foto: juantiagues / CC-BY-Sa 2.0)*

09 *Ein Blick über das* **Oberdeck** *der »Juan Sebastian de Elcano«. Zu sehen sind die festgemachten Gaffelsegel. (Foto: juantiagues / CC-BY-SA 2.0)*

09

# Viermastbark »*Kaiwo Maru*«

01

## »Kaiwo Maru«

| | |
|---|---|
| **Schiffstyp** | *Viermastbark* |
| **Flaggenstaat** | *Japan* |
| **Bauwerft** | *Uraga Dockyard Sumitomo Heavy Industry, Uraga, Japan* |
| **Stapellauf** | *7. März 1989* |
| **Verdrängung** | *4730 t* |
| **Länge x Breite x Tiefgang** | *110,10 x 13,80 x 6,60 m* |
| **Besatzung/Kadetten** | *69/130* |
| **Segelanzahl/Segelfläche** | *36/2760 m²* |
| **Antrieb/Antriebsleistung** | *2 x Dieselmotor/2 x 1500 PS* |
| **Geschwindigkeit** | *11 kn (Segel)/14 kn (Motor)* |

02

Das Segelschulschiff »Kaiwo Maru« ist eine Viermastbark der japanischen Handelsmarine. Eigner ist das Institute of Sea Training in Tokio. Gebaut wurde das Schiff bei Uraga Dockyard Sumitomo Heavy Industry in Uraga, wo es am 7. März 1989 vom Stapel lief.
Eine gleichnamige von 1930 bis 1984 im Dienst befindliche Vorgängerin liegt heute als Museumsschiff im Hafen von Imizu. Mit der 1984 gebauten »Nippon Maru« hat die »Kaiwo Maru« ein identisches und baugleiches Schwesterschiff.

Die »Kaiwo Maru« nimmt im pazifischen Raum an zahlreichen Windjammertreffen teil. Sie besuchte auch schon Häfen an der amerikanischen Ostküste. Nach Europa ist sie bisher noch nicht gekommen.

Das Schiff hat schon mehrmals die berühmte Boston Teapot Trophy gewonnen. Diese Trophäe wird dem Großsegler zuteil, der innerhalb von 124 Stunden unter Segeln die längste Strecke zurücklegt. Der 1995 aufgestellte Rekord von 1394 Seemeilen, das sind im Durchschnitt 11,2 Knoten, konnte bisher noch nicht gebrochen werden.

Im Jahre 2004 wurde ein Taifun dem Schiff beinahe zum Verhängnis. Als dieser mit 245 km/h über die Bucht von Yokohama raste, warf er den Segler auf eine Mole. Die »Kaiwo Maru« schlug leck und sank. Nach ihrer Bergung und Reparatur konnte die »Kaiwo Maru« den Schulbetrieb wieder aufnehmen.

*01 Die Viermastbark* ***»Kaiwo Maru«*** *unter voller Segelpracht. (Foto: SoftBread / CC-BY-SA 4.0)*

*02 Auf der Abbildung ist die* ***Besatzung*** *damit beschäftigt die Segel zu bergen und auf den Rahen festzumachen. Selbst bei Windstille eine anstrengende und auch gefährliche Arbeit in luftiger Höhe. (Foto: baku13 / CC-BY-SA 3.0)*

03

*03 Über die* ***Toppen geflaggt*** *und mit in den Masten angetretener Besatzung legt die »Kaiwo Maru« mit Schlepperhilfe an. (Foto: Gnsin / CC-BY-SA 3.0)*

# Vollschiff »*Khersones*«

01

## »Khersones«

| | |
|---|---|
| **Schiffstyp** | *Vollschiff* |
| **Flaggenstaat** | *Ukraine* |
| **Bauwerft** | *Stocznia Gdanska, Danzig, Polen* |
| **Stapellauf** | *10. Juni 1988* |
| **Verdrängung** | *2987 t* |
| **Länge x Breite x Tiefgang** | *109,40 x 14 x 6,60 m* |
| **Besatzung/Kadetten** | *40/166* |
| **Segelanzahl/Segelfläche** | *26/2771 m²* |
| **Antrieb/Antriebsleistung** | *2 x Dieselmotor/2 x 570 PS* |
| **Geschwindigkeit** | *18 kn (Segel)/9 kn (Motor)* |

*02*

*03*

Mitte der 1980er-Jahre bestellte die Sowjetunion bei der Danziger Lenin Werft (heute Stocznia Gdanska) fünf Segelschulschiffe. Sie gingen nacheinander als »Druzhba«, »Mir«, »Khersones«, »Pallada« und »Nadezhda« in Fahrt. In Folge der politischen Veränderungen der 1990er Jahre kamen die »Druzhba« und die »Khersones« unter ukrainische Flagge. Typschiff für diese Bauserie ist das polnische Vollschiff »Dar Mlodziezy«.
Die »Khersones« lief am 10. Juni 1988 vom Stapel und stellte für das Kerch Marine Technological Institute in Dienst. Die Namensgebung des Schiffes geht zurück auf die antike Stadt Chersones an der Nordküste des Schwarzen Meeres.

Beim Bau wurde den Außeneinrichtungen große Aufmerksamkeit gewidmet und weitestgehend witterungsbeständiges und somit pflegeleichtes Material verwendet.
Wie ihre Schwesterschiffe diente die »Khersones« als moderner Großseglertyp einer zeitgemäßen seemännischen Ausbildung. Sie nahm regelmäßig an großen Windjammertreffen teil und ging weltweit auf Fahrt. Auch zahlende Passagiere konnten Reisen auf dem Schiff buchen.

Im Januar 1997 umrundete die »Khersones« auf ihrer Südamerikareise nur unter Segeln Kap Hoorn. Zuletzt hatte die Viermastbark »Pamir« im Juli 1949 als Frachtsegelschiff eine solche Umrundung durchgeführt.

Im Jahr 2006 geriet die »Khersones« in den Strudel der Orange Revolution. Auf Grund von Kompetenzstreitigkeiten ukrainischer Behörden wurde das Schiff in seinem Heimathafen Kertsch an die Kette gelegt. Nach der Annektion der Krim durch Russland soll das Schiff seit 2014 unter russischer Flagge betrieben werden. Auch soll 2016 eine Überholung durchgeführt worden sein. Außerdem wird von einer Regattateilnahme im Schwarzen Meer berichtet. Derzeit sind allerdings keine gesicherten Informationen über die »Khersones« zu bekommen. Es ist auch nicht sicher, ob sie sich in ukrainischem oder russischem Besitz befindet.

*01 Im Jahr 2003 erhielt das Vollschiff »***Khersone***« einen roten Anstrich. (Foto: Losty)*

*02 Die Aufnahme vom Mai 2017 zeigt die »Khersones« wieder im* **weißen Anstrich** *an der Pier liegend. Man beachte: Am Heck weht die russische Flagge. (Foto: alexleo / CC-BY-SA 4.0)*

*03 Das Vollschiff »Khersones« als Hafenlieger während der* **Sail Amsterdam 2005***. (Foto: Dirk van der Made / CC-BY-SA 1.0)*

# Viermastbark »*Kruzenshtern*«

01

## »Kruzenshtern«

| | |
|---|---|
| **Schiffstyp** | *Viermastbark* |
| **Flaggenstaat** | *Russland* |
| **Bauwerft** | *Joh. C. Tecklenborg, Geestemünde, Deutschland* |
| **Stapellauf** | *24. Juni 1926* |
| **Verdrängung** | *5750 t* |
| **Länge x Breite x Tiefgang** | *114,50 m x 14,07 m x 7,26 m* |
| **Besatzung/Kadetten** | *70/150* |
| **Segelanzahl/Segelfläche** | *34/3400 m$^2$* |
| **Antrieb/Antriebsleistung** | *2 x Dieselmotor/2 x 1000 PS* |
| **Geschwindigkeit** | *17 kn (Segel)/10 kn (Motor)* |

Das heute zur russischen Fischereiflotte der Baltischen Staatlichen Akademie von Kaliningrad gehörende Segelschulschiff »Kruzenshtern« lief am 24. Juni 1926 als Viermastbark »Padua« auf der Werft Joh. C. Tecklenborg in Geestemünde vom Stapel. Für die Hamburger Reederei F. Laeisz bestimmt, war der Flying P-Liner der letzte in Deutschland gebaute frachtfahrende Großsegler. Die Reederei setzte den Neubau in der Südamerika- und Australienfahrt ein und nutzte ihn zugleich als Schulschiff.

Die »Padua« zählte, wie auch die »Pamir« und »Passat«, zu einer Serie von acht Viermastbarken, die in der Zeit von 1903 bis 1926 für die Reederei F. Laeisz gebaut wurden. Sie waren sich ähnlich im Aussehen, jedoch keine richtigen Schwesterschiffe.

In den Jahren 1933/1934 segelte die »Padua« in nur 66 Tagen von Hamburg nach Südaustralien und stellte damit auf dieser Route einen Geschwindigkeitsrekord auf.

*01 Die Viermastbark* **»Kruzenshtern«** *unter voller Besegelung. (Foto: Zeglarz)*

*02 Die Viermastbark »Kruzenshtern«* **aus achterlicher Sicht**. *(Foto: Zeglarz)*

*03 Die mit* **gerefften Segeln und unter Motorkraft** *in Fahrt befindliche »Kruzenshtern«. (Foto: Hans Karr)*

02

03

04

05

06

07

04 *Im Mai 2019 ist die »Kruzenshtern« auf der* **Elbe in Richtung Hamburg** *unterwegs. (5 Fotos: Hans Karr)*

05 *Das* **Ruder am Heck** *der Viermastbark.*

06 *Auch das gibt es auf der »Kruzenshtern«: Eine kleine* **Kapelle** *zur inneren Einkehr.*

07 *Das an der* **Nagelbank** *sauber aufgeschossene Tauwerk des laufenden Gutes ist auf einem Rahsegler das A und O.*

08 *Das* **kunstvoll gestaltete Heck** *der »Kruzenshtern«.*

09 *Die Rückseite einer* **Münze** *mit dem Porträt des Namensgebers und der Schiffsabbildung. Die russische Inschrift »Барк Крузенштерн« heißt auf Deutsch »Bark Kruzenshtern«. (Foto: Archiv Autor)*

08

09

Neben der ebenfalls russischen »Sedov« ist sie der letzte ehemalige Frachtsegler, der sich heute noch in Fahrt befindet.

Bis 1939 war die »Padua« für die Reederei im Einsatz. Der Zweite Weltkrieg verhinderte jedoch jede weitere Ausreise. Den Krieg überstand sie unbeschadet und kam in der Ostsee zeitweise als Schulschiff zum Einsatz. Außerdem diente die »Padua«, wie auch vor dem Krieg schon einmal der Fall, als Filmkulisse für Spielfilme. Nach dem Krieg fiel der Großsegler als Kriegsbeute an die Sowjetunion.

Am 12. Januar 1946 nach dort abgeliefert, erhielt die »Padua« den neuen Namen »Kruzenshtern« und wurde der Baltischen Flotte zugeteilt.

Der Namen geht zurück auf den deutsch-baltischen Admiral der russischen Flotte und Weltumsegler Adam Johann von Krusenstern (russisch: Крузенштерн, Transliteration: Kruzenshtern) (1770–1846).

Noch in Deutschland begannen Umbauarbeiten, die in Leningrad (heute St. Petersburg) fortgesetzt wurden. Bis Ende der 1950er-Jahren blieb die »Kruzenshtern« jedoch aufgelegt im Hafen liegen, war zeitweise Wohnschiff, um dann nach weiteren Umbauarbeiten ab Sommer 1961 als Forschungs- und Segelschulschiff für die Baltische Flotte erneut in Fahrt zu kommen. Bei diesen letzten Umbauarbeiten erhielt die Viermastbark auch zwei Dieselmotoren mit jeweils 800 PS Leistung eingebaut, die wiederum 1994 durch Motoren von 1000 PS ersetzt wurden.

Im Jahre 1965 drohte die Außerdienststellung und Verschrottung, denn mittlerweile besaß die Sowjetunion eine Flotte von spezialisierten Forschungsschiffen, die weit besser als die »Kruzenshtern« für diese Aufgaben geeignet waren. Doch mit dem Staatlichen Unternehmens-Komitee für Fischwirtschaft fand sich ein neuer Nutzer für die Viermastbark. Sie wurde aus dem Schiffsregister der Sowjetischen Marine gestrichen und dem Komitee übereignet.

Die Viermastbark »Kruzenshtern« wurde nun zum reinen Segelschulschiff umgebaut und die Takelage gründlich überholt. Dabei erhielt das Schiff auch seinen bis heute typischen Außenanstrich mit schwarzem Rumpf und den im weißen Band aufgemalten Stückpforten. Die Arbeiten zogen sich allerdings lange hin. Sowjetische Werften waren damals mit dem Marineschiffbau voll ausgelastet. Andere Aufgaben besaßen keine Priorität.

Ab Januar 1973 fährt die »Kruzenshtern« als Ausbildungs- und Schulschiff für das Fischereiministerium wieder zur See. Bei maritimen Großveranstaltungen und internationalen Windjammerregatten ist die »Kruzenshtern« seit 1974 immer wieder dabei. Im Jahre 1976 hat sie sich bei einem Wettbewerb ordentlich danebenbenommen. Auf politische Order hin sollte die »Kruzenshtern» gewinnen. Das gelang auch, aber nur mit der nicht zu verheimlichenden Nutzung der Dieselmotoren. »Dieselstern« war sofort ihr neuer Name unter den übrigen Regattateilnehmern, die zu dem »Sieg« und der Verleihung des Preises allerdings nicht gratulierten. Nach dieser Blamage war die »Kruzenshtern« aber eine immer fair segelnde Regattateilnehmerin.

Eine weitere Generalüberholung erfolgte 1993/1994. In den Jahren 1995/1996 und 2005/2006 führte der Großsegler jeweils eine Weltumsegelung durch. Dabei miteingeschlossen: Umrundungen des Kap Hoorn in Ost-West-Richtung sowie des Kaps der Guten Hoffnung.

Zunehmend werden seit den 1990er-Jahren auch zahlende Passagiere an Bord mitgenommen, was wiederum die Unterhaltung des immer wieder auf dem aktuellen Stand der Technik gehaltenen Schiffes erleichtert.

Bei maritimen Großveranstaltungen und den großen internationalen Windjammerregatten ist die Viermastbark »Kruzenshtern« immer wieder zu bewundern und ein gern gesehener Gast.

# Vollschiff »Libertad«

01

## »Libertad«

| | |
|---|---|
| **Schiffstyp** | *Vollschiff* |
| **Flaggenstaat** | *Argentinien* |
| **Bauwerft** | *Astilleros Río Santiago, Ensenada, Argentinien* |
| **Stapellauf** | *30. Mai 1956* |
| **Verdrängung** | *3765 t* |
| **Länge x Breite x Tiefgang** | *103,70 x 14,30 x 6,70 m* |
| **Besatzung/Kadetten** | *263/88* |
| **Segelanzahl/Segelfläche** | *27/2684 m²* |
| **Antrieb/Antriebsleistung** | *2 x Dieselmotor/2 x 1300 PS* |
| **Geschwindigkeit** | *18 kn (Segel)/14 kn (Motor)* |

Mit seinen rund 70 Jahren zählt das Vollschiff »Libertad« der Argentinischen Marine – wie auch so manch anderer Großsegler – schon zu den etwas älteren »Damen« unter den in Fahrt befindlichen Segelschulschiffen. Als originalgetreuer Nachbau einer Fregatte ist das Schiff bei Astilleros Río Santiago in Ensenada entstanden. Es lief am 30. Mai 1956 vom Stapel. Wie alle Argentinischen Marineschiffe führt es den Namenszusatz ARA (Armada de Republica Argentina). Seine offizielle Bezeichnung lautet: »Fragata ARA Libertad«. Seit 1827 ist das Vollschiff »Libertad« das achte Schiff der ARA, das diesen Namen trägt.

Die »Libertad« hatte eine lange Bauzeit. Unter dem Eindruck des Untergangs der deutschen Viermastbark »Pamir« am 21. September 1957 im Hurrikan »Carrie« hatte man die Baupläne geändert. Aus der geplanten Viermastbark wurde ein Vollschiff. Aus Sicherheitsgründen erhielt der Neubau eine geschlossene Brücke, von der alle Betriebsabläufe kontrolliert werden können. Damals eine innovative Maßnahme. Mit einer Verdrängung von 3765 Tonnen ist die »Libertad« das größte Segelschulschiff innerhalb der südamerikanischen Seestreitkräfte. Die offiziellen Räume des Schiffes sind mit Edelhölzern elegant eingerichtet. Über die Wintermonate wird die »Libertad« aufgelegt und überholt.

Bei einer in den Jahren 2004 bis 2007 auf der Bauwerft durchgeführten umfassenden Grundüberholung, die die Betriebsfähigkeit bis nach 2040 sicherstellen soll, erhielt

02

03

01 Das Vollschiff **»Libertad«** *hatte eine damals für Segelschiffe innovative geschlossene Brücke erhalten. Sie ist zwischen Fockmast und Großmast zum Einbau gekommen. (Foto: Jimmy Baikovicius / CC-BY-SA 2.0)*

02 **»Fragata ARA Libertad«**. *(Foto: Zeglarz)*

03 *Das* **Segelschulschiff** *»Libertad« aus achterlicher Sicht. (Foto: Zeglarz)*

04

05

04 Die *»Libertad« im argentinischen Marinestützpunkt* **Puerto Belgrano**. *Hinter dem Segelschulschiff liegt das Transportschiff »Bahia San Blas« der Argentinischen Marine. (Foto: Horacio Fernandez / CC-BY-SA 3.0)*

05 **Mit Motorkraft** *unterwegs. (Foto: US Navy)*

06 *Das Segelschulschiff »Libertad« wird in dem* **Marinestützpunkt von Buenos Aires** *von zwei Schleppern an die Pier bugsiert. (Foto: Silvinarossello / CC-BY-SA 3.0)*

07 *Das Segelschulschiff »Libertad« läuft in einen* **Hafen** *ein. (Foto: Rene Cortin / CC-BY-SA 4.0)*

08 *Die* **Galionsfigur** *der »Libertad«. (Foto: Ph. Saget / CC-BY-SA 3.0)*

06

07

08

das Segelschulschiff Unterkünfte für weibliche Besatzungsmitglieder. Außerdem kamen zwei neue Dieselmotoren mit jeweils 1300 PS Leistung an Bord. Ebenso wurde die gesamte Technik des Schiffes modernisiert. Während dieser langen Werftliegezeit konnte die Argentinische Marine auszubildende Kadetten auf dem chilenischen Segelschulschiff »Esmeralda« einschiffen.

Seit ihrer Indienststellung am 28. Mai 1963 nimmt die »Libertad« regelmäßig an internationalen Großseglertreffen teil und ist in der Regel bei den Wettfahrten im vorderen Feld der teilnehmenden Einheiten zu finden. Über 60 Länder und mehr als 400 Häfen hat das Schiff in seiner Laufbahn schon besucht. Überall wo es auftrat ist es zum Sympathieträger seines Landes geworden. Bei einem 12-tägigen Aufenthalt in Hamburg wurden zum Beispiel einmal 30.000 Besucher gezählt.

Die »Libertad« ist ein schnelles Schiff. Im Jahr 1966 stellte sie einen immer noch gültigen Geschwindigkeitsrekord für die Transatlantik-Überquerung von Großseglern auf. Sie bewältigte die rund 2058 Seemeilen Distanz von Cape Race in Kanada bis nach Dursey Island in Irland in sechs Tagen und vier Stunden. Das entspricht einer Durchschnittsgeschwindigkeit von 13,9 Knoten. Nach einer anderen Quelle sollen es acht Tage und zwölf Stunden gewesen sein, was wiederum »nur« 10,1 Knoten als Durchschnitt entspricht. Des Weiteren hat die »Libertad« schon mehrmals die Boston Teapot Trophy gewonnen, die demjenigen Schiff zukommt, das innerhalb von 124 Stunden die längste Strecke zurücklegt. Ihr überhaupt höchste gemessene Geschwindigkeit soll 18,8 Knoten betragen.

Das Vollschiff »Libertad« war aber auch schon vom Pech verfolgt. Während der Operation Sail 1976 kollidierte bei der Aufstellung zur Wettfahrt nach Newport vor den Bermuda Inseln die »Juan Sebastian de Elcano« mit der »Libertad«. Während das spanische Segelschulschiff erhebliche Schäden hinnehmen musste, kam die »Libertad« mit einem zerrissenen Segel noch einmal mehr oder weniger glimpflich davon.

Bei einem Hafenbesuch in Tema / Ghana ließ im September 2012 ein US-Hedgefonds wegen argentinischer Staatsschulden aus dem Jahre 2001 die »Libertad« an die Kette legen und versuchte auf diese Art das Geld einzutreiben. Das Schiff durfte nicht mehr auslaufen. Eine diplomatische Lösung zwischen Ghana und Argentinien kam trotz aller Bemühungen nicht zustande. Im November / Dezember befasste sich der Internationale Seegerichtshof mit der Angelegenheit. Im Schiedsspruch wurde Ghana aufgefordert das Schiff unverzüglich frei zu geben. Am 19. Dezember 2012 konnte die »Libertad« dann endlich ihre Heimreise antreten.

# Vollschiff »*Mir*«

01

## »Mir«

| | |
|---|---|
| **Schiffstyp** | *Vollschiff* |
| **Flaggenstaat** | *Russland* |
| **Bauwerft** | *Stocznia Gdanska, Danzig, Polen* |
| **Stapellauf** | *31. März 1987* |
| **Verdrängung** | *2824 t* |
| **Länge x Breite x Tiefgang** | *109,40 x 14 x 6,60 m* |
| **Besatzung/Kadetten** | *55/144* |
| **Segelanzahl/Segelfläche** | *26/2771 m²* |
| **Antrieb/Antriebsleistung** | *2 x Dieselmotor/2 x 570 PS* |
| **Geschwindigkeit** | *19 kn (Segel)/12 kn (Motor)* |

02

Das russische Segelschulschiff »Mir«, auf Deutsch Frieden, ist die dritte von insgesamt sechs Einheiten aus der Bauserie der »Dar Mlodziezy«-Vollschiffe. Es wurde in den 1980er-Jahre von der Sowjetunion bei der Lenin Werft in Danzig (heute Stocznia Gdanska ) geordert und lief dort am 31. März 1987 vom Stapel. Neben dem polnischen Typschiff sind unter russischer Flagge die »Pallada« und die »Nadezhda« sowie die beiden nach dem Zusammenbruch der Sowjetunion der Ukraine überlassenen »Druzhba« und »Khersones« in Fahrt. Eigner der »Mir« ist die Hochschule für Marineingenieure in St. Petersburg, wo der seemännische Nachwuchs für die russische Handelsmarine ausgebildet wird.

Die »Mir« und ihre Schwesterschiffe sind ein moderner Großseglertyp für eine zeitgemäße seemännische Ausbildung. Mit ihrem spitzen Bug und dem kastenförmig ausladenden Heck machen die Schiffe einen eleganten Eindruck.

03

*01 Das Vollschiff **»Mir«** umringt von Segelbooten. (Foto: Joymaster)*

*02 **Vollschiff »Mir«**. (Foto: LPfi / CC-BY-SA 3.0)*

*03 Das Vollschiff »Mir« in der **Abendsonne**. (Foto: Ramon E. F. / CC-BY-SA 3.0)*

04

05

06

Die technischen Einrichtungen der »Mir« entsprechen denen eines modernen Motorschiffes. Aluminiumrahen erhöhen wegen ihres geringen Gewichts die Stabilität des Schiffes. Nylontauwerk und funktionelle Einrichtungen erleichtern Wartung und Pflege.

Die »Mir« ist ein schnelles Schiff. Bei den internationalen Regatten der Großsegler ist sie kaum zu schlagen. Nach eigenen Angaben der Schiffsführung lag einmal bei optimalen Bedingungen die erreichte Höchstgeschwindigkeit unter Segeln bei 19,4 Knoten. Mit den zahlreichen gewonnenen Regatten ist die »Mir« unbestritten das erfolgreichste Segelschiff. Ihren größten Erfolg konnte sie als Sieger der Kolumbus-Regatta erringen. Diese führte 1992 aus Anlass des 500. Jahrestages der Entdeckung Amerikas von Europa über die Karibik nach New York. Fast alle namhafte Großsegler waren damals an diesem maritimen Großereignis beteiligt.

*04 Die* **Vollschiffe »Mir« und »Stad Amsterdam«** *liegen im Wettrennen um den besten Platz. (Foto: Zeglarz)*

*05 Die russischen Segelschulschiffe »***Kruzenshtern«** *(l.). und* **»Mir«** *(r.). (Foto: Olga1969 / CC-BY-SA 4.0)*

*06 Das Segelschulschiff »Mir« auf der* **Elbe** *einlaufend Hamburg (5 Fotos: Hans Karr)*

*07 Die »Mir« hat an den* **St. Pauli Landungsbrücken** *in Hamburg festgemacht. Vor der »Mir« liegt die Viermastbark »Kruzenshtern«.*

07

08

08 *Das Vollschiff »Mir« an seinem Liegeplatz im Mai 2019 in Hamburg. Man beachte das ausladend und* **kastenförmig gestaltete Heck** *als typisches Merkmal des Seglers.*

09 *Das Vollschiff »Mir« im* **Hamburger Hafen** *auf der Elbe.*

10 *Das Segelschulschiff »Mir« an den* **St. Pauli Landungsbrücken** *in Hamburg.*

Bei einigen Ausbildungsreisen, die, von Ausnahmen abgesehen, überwiegend im Sommer im europäischen Bereich stattfinden, besteht auch die Möglichkeit als zahlender Passagier mitzufahren. Ebenso bietet die Schiffsführung bei maritimen Großveranstaltungen Tagesfahrten an. Der Erlös aus diesen touristischen Angeboten fließt ein in die Finanzierung des Unterhalts der »Mir«. In den Wintermonaten liegt das Vollschiff häufig auf, letztendlich um Kosten zu sparen. Aus gleichem Grund muss die Besatzung in dieser Zeit ihr Schiff auch selbst überholen. Soweit möglich wird dabei keine Werfthilfe in Anspruch genommen.

09

10

# Bark »*Mircea*«

01

## »Mircea«

| | |
|---|---|
| **Schiffstyp** | *Bark* |
| **Flaggenstaat** | *Rumänien* |
| **Bauwerft** | *Blohm+Voss, Hamburg, Deutschland* |
| **Stapellauf** | *22. September 1938* |
| **Verdrängung** | *1844 t* |
| **Länge x Breite x Tiefgang** | *82,10 x 12,10 x 5,40 m* |
| **Besatzung/Kadetten** | *90/120* |
| **Segelanzahl/Segelfläche** | *23/1748 m²* |
| **Antrieb/Antriebsleistung** | *1 x Dieselmotor/1 x 1115 PS* |
| **Geschwindigkeit** | *14 kn (Segel)/9 kn (Motor)* |

02

In den Jahren vor dem Zweiten Weltkrieg ließ die deutsche Kriegsmarine die drei Segelschulschiffe »Gorch Fock«, »Horst Wessel« und »Albert Leo Schlageter« auf der Hamburger Werft Blohm+Voss bauen. Im See- und Ausbildungsbetrieb bewährten sich die drei Barken voll und ganz. Für Schiff und Besatzung bot die schiffbauliche Konstruktion ein Höchstmaß an Sicherheit. Darauf dürfte es auch zurückzuführen sein, dass sich damals die Rumänische Marine entschloss, ebenfalls ein solches Ausbildungsschiff bei der Werft zu ordern.

*01 Das rumänische Segelschulschiff* ***»Mircea«*** *unter Motorkraft unterwegs. Im Vortopp weht die schwarz-rot-goldene Gastlandflagge. Demnach entstand das Bild 1966 auf der Elbe, als die Bark in Hamburg auf ihrer Bauwerft Blohm+Voss überholt wurde. (Foto: Bibliothek für Zeitgeschichte)*

*02 Das Segelschulschiff »Mircea« der* ***Rumänischen Marine*** *unter vollen Segeln. (Foto: Spiridon Ion Cepleanu / CC-BY-SA 3.0)*

*03 Die* ***Aufnahme aus dem Jahr 1975*** *zeigt die »Mircea« mit der russischen Viermastbark »Kruzenshtern«. (Foto: Archiv Autor)*

Am 22. September 1938 lief der Neubau als »Mircea« vom Stapel. Er war weitestgehend identisch mit der »Gorch Fock« und knapp acht Meter kürzer als die beiden anderen deutschen Segelschulschiffe. Die Namensgebung geht zurück auf den Herzog Mircea, der im 14. Jahrhundert lebte und jetzt als Galionsfigur das Schiff auf seinen Reisen begleitet. Das Motto des Schiffes ist: »Servese marina, servese patria« – »Diene der Marine, diene deinem Heimatland«.

Die am 25. Januar 1939 an den Auftraggeber abgelieferte Bark verlegte im April in den Heimathafen Constanza im Schwarzen Meer. Die sich anschließende erste Ausbildungsreise führte das Schiff ins Mittelmeer. Viele Reisen konnte es wegen des ausgebrochenen Zweiten Weltkriegs jedoch nicht mehr unternehmen. Es blieb nur die Funktion als stationäres Segelschulschiff übrig.
Nach dem Krieg wurde die »Mircea« von der Sowjetunion kurzzeitig beschlagnahmt und als »Rion« weiter in Fahrt gehalten.

03

04

05

06

04 Das »Mircea« **bei Nacht im Hafen** *festlich angestrahlt. (Foto: George Desipris / CC-BY-SA 1.0)*

05 Die Bark »Mircea« im Jahre 2019 **auf der Seine**. *Scheinbar hat das Schiff zur Mitfahrt Tagesgäste an Bord. (Foto: Bernard Dupont / CC-BY-SA 2.0)*

06 Die »Mircea« in einem **Marinehafen** *liegend. (Foto: Rumänische Marine)*

07 Die »Mircea« passiert im August 2019 **in Wilhelmshaven die geöffnete Kaiser-Wilhelm-Brücke**. *Der Schlepper »Scharhörn« der Deutschen Marine hat zur Sicherung der Passage am Bug festgemacht. (Foto: Ein Dahmer / CC-BY-SA 4.0)*

07

Das Schiff wurde aber bald wieder zurückgegeben. Rumänien war zwischenzeitlich Mitglied im Warschauer Pakt geworden, was wohl der Grund – oder mit ein Grund – für die Rückgabe gewesen sein mag.

Die Mitgliedschaft im östlichen Militärbündnis hielt die Rumänische Marine jedoch nicht davon ab, das Schiff, das in der Kriegszeit und auch in sowjetischer Zeit hart gelitten hatte, in seine Bauwerft nach Hamburg zu schicken. Vom Januar bis September 1966 durchlief die »Mircea« dort eine umfangreiche Umbau-, Überholungs- und Modernisierungsphase.

Die grundüberholte Bark »Mircea« kam in den Jahren danach überwiegend im Schwarzen Meer und im Mittelmeer als Segelschulschiff für die Rumänische Marine zum Einsatz. Aber auch Süd-, Mittel- und Nordamerika standen auf den Reiseplänen. Die erste Atlantik-Überquerung machte die »Mircea« im Jahre 1976 und besuchte dabei im Rahmen der Festlichkeiten zu der 200-Jahr-Feier der Unabhängigkeit der USA New York. Das Schiff nimmt seither regelmäßig an Großseglerregatten teil.
Jeweils im Sommer 2017 und 2018 wurden auf der »Mircea« auch deutsche Seeoffizieranwärter ausgebildet. Der Grund hierfür lag in der überlangen Werftliegezeit des deutschen Segelschulschiffes »Gorch Fock«. Zum Tagesdienst gehörten praxisorientierte Unterrichte in Meteorologie, Navigation, Leck- und Brandabwehr. Die eigentliche Seemannschaft übten die Deutschen gemeinsam mit den Rumänen aus. Die Offizierschüler waren dafür den Seewachen zugeteilt, die das Schiff fahren und segeln. Die zweimalige Kooperation mit Rumänien hat sich aus Sicht der Deutschen Marine bewährt. Denn maßgebend für die Entscheidung war, dass die Deutsche Marine die seemännische Grundausbildung ihrer Kadetten aufrechterhalten konnte.

# Vollschiff »*Nadezhda*«

01

## »Nadezhda«

| | |
|---|---|
| **Schiffstyp** | *Vollschiff* |
| **Flaggenstaat** | *Russland* |
| **Bauwerft** | *Stocznia Gdanska, Danzig, Polen* |
| **Stapellauf** | *1989* |
| **Verdrängung** | *2800 t* |
| **Länge x Breite x Tiefgang** | *109,40 x 14 x 6,60 m* |
| **Besatzung/Kadetten** | *55/140* |
| **Segelanzahl/Segelfläche** | *26/2700 m²* |
| **Antrieb/Antriebsleistung** | *2 x Dieselmotor/2 x 570 PS* |
| **Geschwindigkeit** | *18 kn (Segel)/12 kn (Motor)* |

02

*01 Vollschiff* **»Nadezhda«.** *(Foto: Zeglarz)*

*02 Das Vollschiff »Nadezhda« hat in einer Flaute* **alle Segel gesetzt**. *(Foto: Zeglarz)*

*03 Die »Nadezhda« als* **Ankerlieger** *mit festgemachten Segeln. (Foto: Raita Futo / CC-BY-SA 2.0)*

Das Vollschiff »Nadezhda«, auf Deutsch Hoffnung, ist das fünfte für die Sowjetunion auf der Danziger Lenin Werft (heute Stocznia Gdanska) gebaute Segelschulschiff. Typschiff der Bauserie ist die polnische »Dar Mlodziezy«. Weitere Schwesterschiffe sind die Mir« und die »Pallada« sowie die heute unter ukrainischer Flagge fahrende »Druzhba« und »Khersones«.

Die »Nadezhda« lief 1989 vom Stapel. In den damals politisch unruhigen Zeiten dauerte der Ausbau des Schiffes bis 1992. Die erste Seefahrt ging dann nach St. Petersburg, wo die Besatzung eine mehrwöchige Ausbildung durchlief. Es folgte die Überführungsfahrt nach Fernost in den vorgesehenen Heimathafen Wladiwostok. Eigner des modernen Schulschiffes ist die dortige staatliche Hochschule für Seefahrt.

Genau wie bei den Schwesterschiffen wurde dem Bau der Außeneinrichtungen große Aufmerksamkeit gewidmet. Weitestgehend witterungsbeständiges Material kam zum Einbau wie zum Beispiel synthetisches Tauwerk beim laufenden Gut oder nicht rostender Stahl für die Belegnägel. Die Rahen sind aus Aluminium gefertigt, was wiederum Gewicht in den Masten einspart und damit die Stabilität des Schiffes erhöht. Die »Nadezhda« ist ein modernes Segelschulschiff, das den Anforderungen einer zeitgemäßen seemännischen Ausbildung voll genügt.

Wie nahezu alle heutigen Segelschulschiffe nimmt auch die »Nadezhda« regelmäßig an den Windjammerregatten teil. In den Jahren 2003/2004 machte sie eine komplette Weltreise.

03

# Vollschiff »*Pallada*«

01

## »Palladac«

| | |
|---|---|
| **Schiffstyp** | *Vollschiff* |
| **Flaggenstaat** | *Russland* |
| **Bauwerft** | *Stocznia Gdanska, Danzig, Polen* |
| **Stapellauf** | *20. Juli 1988* |
| **Verdrängung** | *2987 t* |
| **Länge x Breite x Tiefgang** | *109,40 x 14 x 6,60 m* |
| **Besatzung/Kadetten** | *56/143* |
| **Segelanzahl/Segelfläche** | *26/2771 m²* |
| **Antrieb/Antriebsleistung** | *2 x Dieselmotor/2 x 570 PS* |
| **Geschwindigkeit** | *18 kn (Segel)/12 kn (Motor)* |

02

Das Segelschulschiff »Pallada« ist die vierte für sowjetische Rechnung gebaute Einheit der Bauserie der »Dar Mlodziezy«-Vollschiffe. Es entstand auf der Danziger Lenin Werft (heute Stocnia Gdanska) und lief am 20. Juli 1988 vom Stapel. Der Schiffsname ist von der griechischen Göttin Pallas Athene abgeleitet. Eigner des Schiffes ist die Fernöstliche Staatliche Technische Universität für Fischerei in Wladiwostok.

Neben dem polnischen Typschiff »Dar Mlodziezy« gibt es noch die russischen Schwesterschiffe »Druzhba«, »Mir«, »Khersones« und »Nadezhda«, wobei »Druzhba« und »Khersones« in Folge der politischen Veränderungen der 1990er-Jahre heute unter ukrainischer Flagge fahren.

Im Gegensatz zu den Schwesterschiffen ist die »Pallada« nicht weiß gestrichen. Ihr schwarzer Rumpf mit dem weißen Streifen und den aufgemalten Stückpforten gibt ihr ein charakteristisches Aussehen. Wie ihre Schwesterschiffe dient die »Pallada« als moderner Großseglertyp einer zeitgemäßen seemännischen Ausbildung.

Die »Pallada« ist, abgestützt auf ihren Heimathafen Wladiwostok, überwiegend im Fernen Osten und im Pazifischen Ozean unterwegs. Auch bei den internationalen Windjammertreffen ist sie häufig zugegen.

01 *Das Vollschiff* ***»Pallada«*** *über die Toppen geflaggt in einem Auslandshafen liegend.*
*(Foto: John Newcomb / CC-BY-SA 3.0)*

02 *Auf dem Vollschiff »Pallada« sind, wie auf dem Foto zu erkennen ist,* ***zahlreiche moderne elektronische Anlagen*** *wie zum Beispiel Radar und Satellitenkommunikation vorhanden.*
*(Foto: Daniel Ramirez / CC-BY-SA 2.0)*

03 *Das Vollschiff »Pallada« als* ***Pierlieger****.*
*(Foto: Steven Pavlov / CC-BY-SA 3.0)*

03

## Bark »Sagres«

## »Sagres«

| | |
|---|---|
| **Schiffstyp** | *Bark* |
| **Flaggenstaat** | *Portugal* |
| **Bauwerft** | *Blohm+Voss, Hamburg, Deutschland* |
| **Stapellauf** | *30. Oktober 1937* |
| **Verdrängung** | *1870 t* |
| **Länge x Breite x Tiefgang** | *89,50 x 12 x 6,20 m* |
| **Besatzung/Kadetten** | *140/80* |
| **Segelanzahl/Segelfläche** | *23/1979 m²* |
| **Antrieb/Antriebsleistung** | *2 x Dieselmotor/2 x 750 PS* |
| **Geschwindigkeit** | *16 kn (Segel)/10 kn (Motor)* |

02

03

*01 Das Segelschulschiff* ***»Albert Leo Schlageter«*** *der Kriegsmarine fährt heute unter portugiesischer Flagge als »Sagres«. (Foto: Deutscher Marinebund)*

*02 Die Bark »Sagres« als Teilnehmer bei einer* ***maritimen Veranstaltung****. (Foto: PH2 Jay McIntosh)*

*03 Segelschulschiff* ***»Sagres«****. (Foto: Alvesgaspar / CC-BY-SA 4.0)*

*04 Das Segelschulschiff »Sagres« vor der* ***portugiesischen Küste****. (Foto: Joseolgon / CC-BY-SA 4.0)*

Mit der ab 1935 beginnenden Aufrüstung benötigte die Kriegsmarine für ihr größer werdendes Personal neue Ausbildungskapazitäten. Als dritter Neubau lief am 30. Oktober 1937 das Segelschulschiff »Albert Leo Schlageter« vom Stapel. Es war ein völlig identisches Schwesterschiff zur »Horst Wessel« und war knapp acht Meter länger als das Typschiff »Gorch Fock«.

Der Bark waren jedoch nur noch wenige Reisen beschieden. Eine Fahrt führte von April bis Juni 1938 nach Südamerika und ein Jahr später war Teneriffa Reiseziel. Mit Kriegsausbruch wurde die »Albert Leo Schlageter« stationäres Ausbildungsschiff. Im Jahre 1944 fuhr sie nochmals in der Ostsee als Segelschulschiff zur See und lief dabei auf eine Mine. Der Treffer forderte 15 Tote. Zum Kriegsende war die Bark in Flensburg. Wie ihr Schwesterschiff »Horst Wessel« wurde sie amerikanische Kriegsbeute und verlegte Ende Dezember 1945 von Bremerhaven aus in die USA.

04

05

06

07

05 Die »Sagres« als **Pierlieger**. (Foto: Raphodon / CC-BY-SA 4.0)

06 Die **Brücke** der Bark »Sagres«. (Foto: Joseolgon / CC-BY-SA 4.0)

07 Das **Steuerrad** der »Sagres« hat noch die ursprünglichen Messingschilder mit dem alten Namen »Albert Leo Schlageter«. (Foto: Joseolgon / CC-BY-SA 4.0)

08 Am Schornstein ist noch immer die **Werftplakette** mit der Baunummer 515 und dem Baujahr 1937 vorhanden. Darunter ist der Krängungsmesser zu sehen. (Foto: Joseolgon / CC-BY-SA 4.0)

09 Die **Galionsfigur** der »Sagres« stellt Heinrich den Seefahrer (1394–1460) dar, der eng mit der Stadt Sagres verbunden war. (Foto: Wikimedia / CC-BY-SA 2.0)

08

09

Dort war jedoch keine Verwendung für die »Albert Leo Schlageter« und sie wurde 1947 an Brasilien abgegeben. Als Segelschulschiff »Guanabara« am 27. Oktober 1948 für die brasilianischen Seestreitkräfte in Dienst gestellt, konnte man aber nicht allzu viel mit dem Segelschiff anfangen, so dass es im Oktober 1961 nach Portugal verkauft wurde.

Die Bark erhielt jetzt nach einer portugiesischen Hafenstadt den neuen Namen »Sagres« und löste das gleichnamige ältere Segelschulschiff der Portugiesischen Marine ab. Dieses liegt heute als Museumsschiff »Rickmer Rickmers« in Hamburg.

Am 8. Februar 1962 für Portugal in Dienst gestellt, begann am 24. April 1962 die erste Reise unter portugiesischer Flagge vom bisherigen Heimathafen Rio de Janeiro nach Lissabon. Besonderes und schon von weitem erkennbares Kennzeichen des Schiffes sind die roten Kreuze des Ordens der Christusritter (Christusorden) auf den Rahsegeln der »Sagres«, die auch schon die vorherigen portugiesischen Segelschulschiffe auf ihren Segeln führten.

Im Normalfall unternimmt die »Sagres« zwei Ausbildungsreisen pro Jahr. Neben den Kadetten der Marine werden auch Angehörige ziviler Seefahrtsschulen auf dem Schiff ausgebildet. Auf ihren Reisen ist die Bark ständiger Teilnehmer an Großseglerregatten. Im Januar 2010 begann für die «Sagres« eine Weltumrundung, die bis Ende des Jahres dauerte. Dem Schiff wird weltweit viel Sympathie entgegengebracht.

# Viermastbark »*Sea Cloud*«

01

## »Sea Cloud«

| | |
|---|---|
| **Schiffstyp** | *Viermastbark* |
| **Flaggenstaat** | *Malta* |
| **Bauwerft** | *Germaniawerft, Kiel, Deutschland* |
| **Stapellauf** | *25. April 1931* |
| **Verdrängung** | *3430 t* |
| **Länge x Breite x Tiefgang** | *109,50x 14,94 x 5,13 m* |
| **Besatzung/Passagiere** | *60/64* |
| **Segelanzahl/Segelfläche** | *29/2973 m²* |
| **Antrieb/Antriebsleistung** | *2 x Dieselmotor/2 x 2094 PS* |
| **Geschwindigkeit** | *15 kn (Segel)/10 kn (Motor)* |

02

03

04

Die Viermastbark »Sea Cloud« gilt heute als eines der elegantesten Kreuzfahrtschiffe unter Segeln. Das Schiff entstand 1931 als »Hussar« für einen amerikanischen Multimillionär auf der Germaniawerft in Kiel. Der am 25. April 1931 vom Stapel gelaufene und als Luxusyacht geplante Segler war schon damals ein absoluter Superlativ mit verbauten edlen Hölzern und exklusiver Inneneinrichtung mit Marmor und goldenen Wasserhähnen. Das Schiff war die letzte vor dem Zweiten Weltkrieg gebaute Viermastbark, ist aber keinesfalls vergleichbar mit den zahlreichen frachtfahrenden Vorgängerinnen, auf denen die Besatzungen doch recht spartanische Lebensverhältnisse ertragen mussten.

Die »Hussar« diente ausschließlich der standesgemäßen Selbstnutzung durch den Eigner für Reisen, Treffen und Feierlichkeiten. Um nicht ganz vom Wind abhängig zu sein, kamen damals vier Dieselmotoren mit 3200 PS

*01 Die Viermastbark* ***»Hussar«****, vermutlich im Baujahr auf der Kieler Förde. (Foto: Bibliothek für Zeitgeschichte)*

*02 Die Viermastbark »Hussar« im* ***Aussehen der 1930er-Jahre.*** *(Foto: Archiv Autor)*

*03 Die Viermastbark »Hussar« unter* ***voller Besegelung****. (Foto: Archiv Autor)*

*04 Die* ***abgetakelte »Sea Cloud«*** *während des Zweiten Weltkriegs als Wachschiff der US Coast Guard. (Foto: US Coast Guard)*

05

06

07

05 Die Viermastbark »Sea Cloud« als **Ankerlieger**. *(Foto: Archiv Autor)*

06 Mit **Motorkraft** unterwegs. *(Foto: Farid mernissi / CC-BY-SA 4.0)*

07 Die Viermastbark **»Sea Cloud«** im Mai 2011 bei einem Besuch in Hamburg. *(Foto: Hans Karr)*

08 **Romantische Seefahrt** im Abendlicht der untergehenden Sonne. *(Foto: Dnalor 01 / CC-BY-SA 3.0)*

09 Eine der **luxuriös ausgestatteten Kabinen** auf der Viermastbark »Sea Cloud«. *(Foto: Oceanhistory / CC-BY-SA 4.0)*

10 Die »Sea Cloud« Mai 2011 an der **Pier im Hamburger Hafen**. *(Foto: Hans Karr)*

08

09

Gesamtleistung zum Einbau. Sie verliehen dem Schiff über einen diesel-elektrischen Antrieb eine Geschwindigkeit von 14 Knoten. Heute befinden sich zwei moderne Dieselmotoren mit jeweils 2094 PS Leistung an Bord.

Im Sommer 1935 ergab sich ein Eignerwechsel. Der schwarze Rumpf der »Hussar« wurde jetzt in ein freundlicheres Weiß gepönt und das Schiff in »Sea Cloud« umbenannt.

Als die USA 1941 in den Krieg eintraten, requirierten sie das Schiff. Zum symbolischen Charterpreis von einem Dollar pro Jahr übernahm die US Coast Guard die »Sea Cloud« in ihren Dienst. Die Takelage wurde abgenommen, das teure Mobilar an Land eingelagert und der Rumpf erhielt einen grauen Anstrich. Zwei 3-Inch-Geschütze kamen an Bord der nun als Wachschiff eingesetzten »Sea Cloud«. Im Jahre 1944 erfolgte die Rückgabe an den Eigner und die »Sea Cloud« fuhr nach dem Krieg wieder als Millionärsyacht über die Weltmeere.
Mitte der 1950er-Jahre stand der Viermaster zum Verkauf an und gelangte in die Dominikanische Republik. Unter verschiedenen Eignern führte das Schiff jetzt die Namen »Angelita« und »Patria«. Im Jahre 1966 fand ein weiterer Eignerwechsel statt. Als »Antarna« kam der Segler unter panamesische Flagge. In Folge von Zahlungsschwierigkeiten lag das Schiff zuletzt mehrere Jahre im Hafen und gammelte vor sich hin. Der Glanz der frühen Jahre war verschwunden.

Zu neuem Leben erwachte die Viermastbark im Jahre 1978 als eine Gruppe Hamburger Kaufleute das Schiff erwarb, wieder in »Sea Cloud« umtaufte, provisorisch Instand setzen und nach Hamburg überführen ließ. Dort erfolgte dann die eigentliche Restaurierung und der Umbau zu einem Kreuzfahrtschiff, das im folgenden Jahr weltweit in Fahrt kam und kurzzeitig unter der Flagge der Kaimaninseln den Namen »Sea Cloud of Cayman« trug. Seit 1994 gehört die »Sea Cloud« zur Hamburger Reederei Hansa Shipping und wird vom Tochterunternehmen Sea Cloud Cruises von Malta aus für luxuriöse Kreuzfahrten unter Segeln eingesetzt.

Die im Jahr 2011 erneut renovierte »Sea Cloud« hat 32 Außenkabinen, davon zehn Kabinen im Originalbereich mit Marmorbad, Dusche und WC. Weiterhin gibt es ein Restaurant mit 69 Plätzen und freier Tischwahl. Eine Bar, eine Lounge mit Bibliothek sowie ein Hospital für Notfälle sind ebenfalls an Bord vorhanden.

10

# Bark »*Sea Cloud II*«

01

## »Sea Cloud II«

| | |
|---|---|
| **Schiffstyp** | *Bark* |
| **Flaggenstaat** | *Malta* |
| **Bauwerft** | *Astilleros Gondan, Figueras, Spanien* |
| **Stapellauf** | *18. März 1999* |
| **Vermessung** | *3.849 BRT* |
| **Länge x Breite x Tiefgang** | *117,12 x 16 x 5,70 m* |
| **Besatzung/Passagiere** | *65/94* |
| **Segelanzahl/Segelfläche** | *23/2758 m²* |
| **Antrieb/Antriebsleistung** | *2 x Dieselmotor/2 x 1686 PS* |
| **Geschwindigkeit** | *unbekannt (Segel)/12 kn (Motor)* |

*01 Die Bark* **»Sea Cloud II«***, ein Kreuzfahrtschiff unter Segeln. (Foto: Jmcglade / CC-BY-SA 3.0)*

*02 Die »Sea Cloud II« als* **Ankerlieger***. (Foto: VarockAndRoll b/ CC-BY-SA 2.0)*

*03 Auch ohne gesetzte Segel* **ein majestätischer Anblick***. (Foto: Pjotr Mahhonin / CC-BY-SA 4.0)*

*04 Ein Adler ziert als* **Galionsfigur** *den Bug der »Sea Cloud II«. (Foto: Hans Karr)*

02

Als Kreuzfahrtschiff der Luxusklasse und als Seefahrtslegende unter weißen Segeln im Mittelmeer, im Atlantik und in der Karibik erfreute sich die »Sea Cloud« solch einer großen Beliebtheit, dass Sea Cloud Cruises ein weiteres Segelkreuzfahrtschiff in der Fünf-Sterne-Kategorie bauen ließ. Diese »Sea Cloud II« entstand auf der nordspanischen Werft Astilleros Gondan in Figueras. Am 18. März 1999 lief das Schiff vom Stapel. Es ist kein Nachbau der »Sea Cloud«, sondern eine Bark.

Bis zu 94 Passagiere kann das Kreuzfahrtschiff mitnehmen. Sie haben beim Buchen die Auswahl zwischen 47 Außenkabinen, 16 Junior-Suiten und zwei Eignersuiten. Im Restaurant stehen 98 Plätze zur Verfügung. Des Weiteren gibt es auf der »Sea Cloud II« eine Bar, eine Lounge, eine Boutique, eine Bibliothek, eine Sauna und ein Fitnessraum sowie eine ausklappbare Badeplattform. Für Notfälle ist ein Hospital vorhanden.

Das schwimmende Fünf-Sterne-Hotel bedient das gleiche Fahrtgebiet wie seine Namensschwester. Mit der als Vollschiff getakelten »Sea Cloud Spirit« kommt 2021 ein weiteres neues Kreuzfahrtschiff in Fahrt.

03

04

# Vollschiff *»Sea Cloud Spirit«*

01

## »Sea Cloud Spirit«

| | |
|---|---|
| **Schiffstyp** | *Vollschiff* |
| **Flaggenstaat** | *Malta* |
| **Bauwerft** | *Factoria de Naval Marin, Marin, Spanien, Metalships & Docks, Vigo, Spanien* |
| **Stapellauf** | *18. Mai 2015, 27. Oktober 2019* |
| **Vermessung** | *5.431 BRZ* |
| **Länge x Breite x Tiefgang** | *238,00 x 17,20 x 5,65 m* |
| **Besatzung/Passagiere** | *85/136* |
| **Segelanzahl/Segelfläche** | *28/4165 m²* |
| **Antrieb/Antriebsleistung** | *2 x Elektro-Fahrmotor/2 x 1700 kW* |
| **Geschwindigkeit** | *12 kn (Segel)/14 kn (Motor)* |

*02*

Das Vollschiff »Sea Cloud Spirit« hat eine spannende Baugeschichte. Es wurde bereits 2007 bei der spanischen Werft Factoria de Naval Marin in Marin geordert. Die Kiellegung erfolgte am 18. Juli 2008. Im Sommer 2010 ging die Werft allerdings in Konkurs. Der Weiterbau des Schiffes wurde daraufhin zunächst eingestellt. Eigner über den unfertigen Kasko wurde als Hypothekengläubiger die spanische Bank Bankia. Erst am 18. Mai 2015 wurde der Kasko zu Wasser gelassen und anschließend aufgelegt.

Im Herbst 2018 erhielt die in Vigo ansässige Werft Metalships & Docks von der Reederei Sea Cloud Cruises, die zwischenzeitlich den Kasko erworben hatte, den Auftrag das Schiff fertigzubauen. Am 27. Oktober 2019 erfolgte der zweite Stapellauf. Am 28. August 2021 verließ die »Sea Cloud Spirit« die Bauwerft und den Hafen von Vigo.

*01* *Das* **Segel-Kreuzfahrtschiff** *»Sea Cloud Spirit« unter voller Besegelung.*

*02* **Vollschiff** *»Sea Cloud Spirit«.*

*03* **Ein romantischer Anblick** *bei Sonnenuntergang.*

*03*

04

05

*04* **Die Brücke** *der »Sea Cloud Spirit«.*

*05* **Das abendliche Bordleben** *auf dem Lidodeck der »Sea Cloud Spirit«.*

Durch Corona-Pandemie hatte es mehrmals Zeitverzögerungen mit der Ablieferung des Seglers gegeben. Seit der Wintersaison 2022 / 2023 bietet »Sea Cloud Cruises« erstmals von Florida aus Segelreisen in die amerikanischen Gewässer rund um die Bahamas an. Zu den klassischen Fahrtgebieten zählen aber auch das Mittelmeer, die Kanarischen Inseln, der Atlantik sowie die Karibik und das Mittelmeer. Regelmäßig wird der Dreimaster außerdem auch auf Nord- und Ostsee zu sehen sein. Diese Kreuzfahrten sind im Premium- und Fünf-Sterne-Bereich einzuordnen. Trotz der hohen Ansprüche an Komfort und Exklusivität des Schiffes und des Programms, ist die Atmosphäre an Bord stets leger und entspannt.

Die mit 5431 BRZ vermessenen »Sea Cloud Spirit« ist als Vollschiff getakelt. Der Großmast hat eine Höhe von 57,90 Meter. Ihre 28 Segel besitzen eine Segelfläche von 4165 Quadratmeter. Unter guten Windbedingungen können zwölf Knoten an Geschwindigkeit erreicht werden. Wie ihre beiden »Sea Cloud«-Schwestern wird auch die »Sea Cloud Spirit« nach dem Vorbild traditioneller Windjammer von Hand gesegelt. Zu Transport- und Ausflugszwecken befinden sich vier Zodiac-Festrumpfschlauchboote an Bord.

Neben dem Segelantrieb ist das Schiff mit einer diesel-elektrischen Antriebsanlage ausgestattet. Zwei Siemens-Elektro-Fahrmotoren mit jeweils 1700 Kilowatt Leistung wirken auf jeweils eine Welle. Damit erreicht die »Sea Cloud Spirit« eine Geschwindigkeit von 14 Knoten. Daneben ist auf dem Schiff zur besseren Manövrierfähigkeit ein elektrisch angetriebenes Bugstrahlruder vorhanden. Die Stromerzeugung erfolgt über vier MAN-Dieselgeneratorsätze. Als Notgenerator wurde ein Volvo-Penta-Dieselmotor eingebaut. Die Abgasführung für die Dieselmotoren erfolgt über den Kreuzmast.

Mit der »Sea Cloud Spirit« gibt die Hamburger Reederei Sea Cloud Cruises erneut einen Impuls für die Entwicklung der Kreuzfahrt unter Segeln. Die Planer der Hamburger Reederei kombinierten die Attraktivität klassischer Großsegler mit Komponenten wie Balkonkabinen und erweiterten Fitness-Angeboten, die bislang in erster Linie große Kreuzfahrtschiffe kennzeichneten.

06

07

06 **Ein Dom von Segeln** *wölbt sich über dem Sonnendeck.*

07 **Aufentern** *in das Rigg des Vollschiffes.*

08 *Eine der* **luxuriös ausgestatteten Kabinen** *auf der »Sea Cloud Spirit« (Alle Fotos: Sea Cloud Cruises.)*

08

Das Schiff verfügt über vier Decks - Sonnendeck, Lidodeck, Verandadeck und Kabinendeck - mit Einrichtungen für die Passagiere. Diese sind in insgesamt 69 Außenkabinen untergebracht. Zur Auswahl stehen unter anderem 22 Junior- und drei Owner-Suiten jeweils mit Balkon sowie sieben De-Luxe-Lido-Außenkabinen mit Panoramafenstern zum Öffnen. Die 25 Kabinen auf dem Verandadeck verfügen über eigene Balkone. Die Kabinenausstattung auf der „Sea Cloud Spirit« entspricht einem Fünf-Sterne-Hotel an Land. An öffentlichen Bereichen sind vorhanden ein Restaurant mit 180-Grad-Panoramablick, eine Lidobar, ein Bistro, eine Lounge mit Steinway-Flügel, eine Bibliothek mit gemütlicher Sitzecke und eine Boutique sowie ein Sonnendeck mit Sonnenliegen und Duschen. Ein Hospital steht für Notfälle bereit. Die Passagierbereiche sind neben einem Treppenhaus mit einem Fahrstuhl miteinander verbunden.

Ein Wellness- und Spa-Bereich mit zwei Anwendungsräumen sowie eine finnische Sauna mit Meerblick, Dampfbad und Ruheraum können zur körperlichen Entspannung in Anspruch genommen werden. Ein Fitnessbereich mit Meerblick und moderner Sportgeräteausstattung stehen ebenso für sportliche Betätigung zur Verfügung wie die Badeplattform und die Wassersport-Ausstattung.

# Viermastbark »Sedov«

## »Sedov«

| | |
|---|---|
| **Schiffstyp** | *Viermastbark* |
| **Flaggenstaat** | *Russland* |
| **Bauwerft** | *Germaniawerft, Kiel, Deutschland* |
| **Stapellauf** | *23. März 1921* |
| **Vermessung** | *6148 t* |
| **Länge x Breite x Tiefgang** | *117,50 x 14,80 x 6,50 m* |
| **Besatzung/Kadetten** | *65/164* |
| **Segelanzahl/Segelfläche** | *34/4192 m²* |
| **Antrieb/Antriebsleistung** | *1 x Dieselmotor/1 x 1160 PS* |
| **Geschwindigkeit** | *18 kn (Segel)/8 kn (Motor)* |

*02*

*03*

*04*

Die russische Viermastbark »Sedov« ist das größte fahrende Segelschulschiff der Welt. Sie ist neben der »Kruzenshtern« einer der beiden letzten ehemaligen Frachtsegler, die sich heute noch in Fahrt befinden, wenn auch in einer anderen Funktion. Die »Sedov« ist im Besitz der Technischen Universität Murmansk und hat auch dort ihren Heimathaven. Sie dient der Ausbildung des seemännischen Nachwuchses. Der russische Marineoffizier und Polarforscher Georgi Jakowlewitsch Sedov (1877–1914) ist der Namensgeber der Viermastbark.

Als »Magdalene Vinnen« lief das bei der Germaiawerft in Kiel gebaute Schiff am 23. März 1921 vom Stapel. Für die Bremer Reederei F. A. Vinnen & Co., zu damaligen Zeiten neben F. Laeisz eine der großen deutschen Segelschiffsreedereien, kam das Schiff unter anderem in der Salpeterfahrt nach Chile und in der Getreidefahrt nach Argentinien in Verwendung. Gleichzeitig fungierte es auch als Schulschiff. Die »Magdalene Vinnen« war mit einem 550 PS starken Dieselmotor ausgerüstet, der heute durch ein leistungsstärkeres Modell ausgetauscht ist.

Im Jahre 1936 erwarb der Norddeutsche Lloyd die »Magdalene Vinnen« als frachtfahrendes Segelschulschiff und taufte sie in »Kommodore Johnson« um. Verwendet wurde die »Kommodore Johnson« nun ausschließlich in der Getreidefahrt nach Argentinien und Australien.

*01 Die Viermastbark* ***»Magdalene Vinnen«*** *unter Vollzeug. (Foto: Allan C. Green)*

*02 Viermastbark* ***»Sedov«****. (Foto: Zeglarz)*

*03 Die Viermastbark »Sedov« erhielt 2005 für* ***Filmaufnahmen*** *einen schwarzen Rumpfanstrich. (Foto: Anastasiia.st / CC-BY-SA 4.0)*

*04 Die* ***Viermastbark*** *»Sedov« in Begleitung zahlreicher Motor- und Segelboote. (Foto: Christian Ferrer / CC-BY-SA 3.0)*

05

06

07

05 Die **Viermastbark »Sedov«** im August 2003 als Hafenlieger in Emden. (Alle Fotos: Hans Karr)

06 Die Viermastbark »Sedov« wird im Mai 2018 **Hamburg** einlaufend auf der Elbe von zwei Assistenzschleppern begleitet.

07 Die Viermastbark »Sedov« hat anlässlich des Hamburger Hafengeburtstages an den **St. Pauli Landungsbrücken** festgemacht.

08 Die Viermastbark »Sedov« im Mai 2019 beim Einlaufen in **Hamburg**. Der Rumpf ist wieder in Weiß gestrichen.

09 Die **Schiffsglocke** der »Sedov« in ihrer kunstvollen Aufhängung.

10 Viel **blank geputztes Messing** ist auf der »Sedov« zu finden, selbst auf den Pollern für die Festmacherleinen.

08

09

Im Jahre 1937 hatte die Mannschaft der Viermastbark in der Nähe der Azoren in einem Orkan eine schwierige Situation mit übergehender Ladung zu überstehen, konnte die Lage aber, im Gegensatz zu der »Pamir« 20 Jahre später, mit eigener Kraft in den Griff bekommen.

Den Zweiten Weltkrieg überstand die Viermastbark in der Ostsee. Nach dem Krieg wurde die »Kommodore Johnson« von den englischen Behörden beschlagnahmt und ging anschließend als Reparationsleistung an Russland. Sie erhielt den neuen Namen »Sedov«.

Zunächst kam die »Sedov« beim Fischereiministerium in Dienst und diente dann von 1952 bis 1957 als Segelschulschiff in der Russischen Marine. Danach war die Viermastbark neun Jahre als ozeanografisches Forschungsschiff in Fahrt. Lange Zeit lag das Schiff anschließend mit abgetakelten Rahen in russischen Häfen und gammelte vor sich hin. Von Mitte bis Ende der 1970er- Jahre wurde die »Sedov« überholt und komplett renoviert. Nach 15 Jahren Abwesenheit kreuzt die Viermastbark seit Anfang 1982 wieder als Segelschulschiff auf den Weltmeeren und hat an zahlreichen internationalen Großseglerregatten erfolgreich teilgenommen.

10

Mit dem Zerfall der Sowjetunion sollte die »Sedov« eigentlich an Lettland fallen. Es wird jedoch berichtet, dass es durch die Befehlsverweigerung des damaligen Kapitäns gelungen ist die Umflaggung abzuwenden und die Viermastbark trickreich nach Kaliningrad (früher Königsberg) zu verlegen.

Seit den 1990er-Jahren werden auch zahlende Passagiere an Bord mitgenommen, was wiederum die Unterhaltung des immer auf dem aktuellen Stand der Technik gehaltenen Schiffes erleichtert. Bei dem politischen Umbruch von Sowjetunion auf Russische Föderation war dies nicht immer einfach. Sponsoren und Spender mussten anfangs häufig einspringen, um die laufenden Betriebskosten zu begleichen. Für einige Wochen war 2005 die »Sedov« als »Pamir« in Fahrt. Sie diente bei Filmaufnahmen als Darsteller und Drehort, wozu sie einen schwarzen Rumpf erhielt. Erst 2019 wurde das Schiff wieder weiß gestrichen. Die Viermastbark »Sedov« ist häufiger Gast bei maritimen Großveranstaltungen und bietet dabei für zahlende Passagiere Gelegenheit zu kürzeren wie auch längeren Mitfahrten.

# Vollschiff »*Shabab Oman II*«

01

## »Shabab Oman II«

| | |
|---|---|
| **Schiffstyp** | *Vollschiff* |
| **Flaggenstaat** | *Oman* |
| **Bauwerften** | *Damen Shipyards, Galati, Rumänien, Damen Shipyards, Vlissingen, Niederlande* |
| **Stapellauf** | *2. Dezember 2013* |
| **Verdrängung** | *1250 t* |
| **Länge x Breite x Tiefgang** | *84,70 x 11,10 x 5,10 m* |
| **Besatzung/Kadetten** | *58/36* |
| **Segelanzahl/Segelfläche** | *26/2270 m² (ohne Leesegel), 28/2630 m² (mit Leesegel)* |
| **Antrieb/Antriebsleistung** | *2 x Dieselmotor/2 x 862 PS* |
| **Geschwindigkeit** | *18 kn (Segel)/11,5 kn (Motor)* |

02

Das Vollschiff »Shabab Oman II« ist ein Segelschulschiff der Marine von Oman. Gebaut wurde die »Shabab Oman II« bei Damen Shipyards im rumänischen Galati. Nach Abschluss der Stahlarbeiten lief der Schiffsrumpf dort am 2. Dezember 2013 vom Stapel. Im Januar 2014 wurde das unfertige Schiff nach Vlissingen geschleppt. Hier erfolgte das Setzen der Masten, das Aufriggen des Schiffes und die Endausrüstung.

Die feierliche Taufzeremonie fand am 8. Mai 2014 statt. Die Übergabe an die Omanische Marine vollzog sich im August 2014. Die »Shabab Oman II«, der Name bedeutet Jugend von Oman, ersetzt das bisherige kleinere Segelschulschiff »Shabab Oman«. Mit der niederländischen »Stad Amsterdam« und der brasilianischen »Cisne Branco« hat die »Shabab Oman II« zwei Schwesterschiffe, wobei die »Shabab Oman II mit rund 85 Metern Länge und 1250 Tonnen Verdrängung das größere Schiff der drei Schwestern ist. Schiffbaulich sind die Vollschiffe den Klippern des 19. Jahrhunderts nachempfunden.

Die »Shabab Oman II« ist mit zwei Dieselmotoren und einem 315 kW starken Bugstrahlruder ausgerüstet. Für die Bedienung der Rahen sind Brasswinden vorhanden. Leesegel fährt die »Shabab Oman II« nur am Fockmast.

03

04

01 *Das* **Segelschulschiff »Shabab Oman II«** *der Omanischen Marine. (Foto: Damen Shipyards)*

02 *Die Schwesterschiffe* **»Shabab Oman II«** *(vorne) und im Hintergrund die niederländische* **»Stad Amsterdam«**. *(Foto: Damen Shipyards)*

03 *Ein* **Blick über das Oberdeck** *der »Shabab Oman II«. (Foto: Damen Shipyards)*

04 **Im Inneren** *der »Shabab Oman II« sind edle Hölzer verbaut. (Foto: Damen Shipyards)*

# Bark »*Simon Bolivar*«

01

## »Simon Bolivar«

| | |
|---|---|
| **Schiffstyp** | *Bark* |
| **Flaggenstaat** | *Venezuela* |
| **Bauwerft** | *Astilleros y Talleres Celaya, Bilbao, Spanien* |
| **Stapellauf** | *21. November 1979* |
| **Verdrängung** | *1260 t* |
| **Länge x Breite x Tiefgang** | *82,40 x 10,60 x 4,35 m* |
| **Besatzung/Kadetten** | *92/120* |
| **Segelanzahl/Segelfläche** | *23/1650 m²* |
| **Antrieb/Antriebsleistung** | *1 x Dieselmotor/1 x 750 PS* |
| **Geschwindigkeit** | *unbekannt (Segel)/10 kn (Motor)* |

*02*

*03*

Die Bark »Simon Bolivar« wurde in den Jahren 1979/1980 auf der spanischen Werft Astilleros y Talleres Celaya in Bilbao gebaut. Auftraggeber für das Segelschulschiff, das am 21. November 1979 vom Stapel lief, war die Venezolanische Marine. Benannt ist das Schiff nach dem südamerikanischen Freiheitskämpfer Simon Bolivar (1783–1830).

Die Bauwerft ließ sich bei ihrem Schiffsentwurf von der deutschen »Gorch Fock« inspirieren. Weitere ähnliche Schiffe sind die Barken »Gloria« (Kolumbien), »Guayas« (Ecuador) und »Cuauhtémoc« (Mexiko), die auf der gleichen Werft gebaut wurden. Mit dem aufgemalten schwarz-weißen Stückpfortenband setzt sich die »Simon Bolivar« optisch von ihren drei Schwestern ab.

Das Segelschulschiff »Simon Bolivar« führt in der Regel pro Jahr eine auf mehrere Monate ausgedehnte Reise durch. Regelmäßige Teilnahmen an Großseglerregatten und an Windjammerparaden stehen dabei auf dem Programm der Bark. Europäische Häfen werden auf den Ausbildungsfahrten häufig angelaufen.

*01 Auch nachts an der Pier bietet das Segelschulschiff* ***»Simon Bolivar«*** *ein beeindruckendes Bild. (Foto: Governo de Bahia / CC-BY-SA 2.0)*

*02 Die* ***»Simon Bolivar«*** *läuft in einem Auslandshafen ein. (Foto: Yolbinhc / CC-BY-SA 4.0)*

*03 Die in die* ***Landesfarben*** *eingehüllte Galionsfigur der »Simon Bolivar« symbolisiert den Freiheitskampf gegen die spanische Herrschaft im 19. Jahrhundert. (Foto: Emil Westerbaan / CC-BY-SA 4.0)*

# Vollschiff »*Sørlandet*«

01

## »Sørlandet«

| | |
|---|---|
| **Schiffstyp** | *Vollschiff* |
| **Flaggenstaat** | *Norwegen* |
| **Bauwerft** | *Høivolds Mekaniske Verksted, Kristiansand, Norwegen* |
| **Stapellauf** | *1927* |
| **Verdrängung** | *891 t* |
| **Länge x Breite x Tiefgang** | *64,15 x 8,87 x 4,40 m* |
| **Besatzung/Trainees** | *15/70* |
| **Segelanzahl/Segelfläche** | *27/1236 m²* |
| **Antrieb/Antriebsleistung** | *1 x Dieselmotor/1 x 564 PS* |
| **Geschwindigkeit** | *14 kn (Segel)/9 kn (Motor)* |

Das Vollschiff »Sørlandet« ist neben dem Vollschiff »Christian Radich« und der Bark »Statsraad Lehmkuhl« einer der drei Großseglern, die heute noch unter norwegischer Flagge fahren. Außerdem ist sie das älteste noch segelnde Vollschiff der Welt.

Entstanden ist die »Sørlandet« bei den Høivolds Mekaniske Verksted in Kristiansand, wo sie 1927 vom Stapel lief. Finanziert wurde der Neubau durch Spendenmittel der Reederei A.O.T. Skjelbred. Bedingung war, ein Segelschiff ohne Hilfsmotoren für die seemännische Ausbildung von Schiffsjungen zu bauen. Sogar der Anker musste wie jahrhundertelang üblich per Hand mit dem Spill hochgeholt werden. Eigner wurde die Sørlandets Seilend Skoleskips Institution, die Seefahrtsschule in Kristiansand.
Bis zum Zweiten Weltkrieg unternahm die »Sørlandet« als Segelschulschiff der norwegischen Handelsmarine regelmäßig Ausbildungsreisen, die bevorzugt in der Nordsee durch-

02

03

*01 Vollschiff* ***»Sørlandet«****. (Foto: yetdark / CC-BY-SA 2.0)*

*02 Das* ***Vollschiff*** *»Sørlandet« ist küstennah unterwegs. (Foto: Dzoker / CC-BY-SA 2.5)*

*03 Das Vollschiff »Sørlandet« passiert bei der schottischen* ***Shetlandinsel Bressay*** *den Leuchtturm Bressay Lighthouse. (Foto: Ronnie Robertsone / CC-BY-SA 2.0)*

04

05

04 *Mit* **Flaggenschmuck** *an der Pier im Auslandshafen. (Foto: Claude Villetaneuse / CC-BY-SA 2.0)*

05 *Das* **Vollschiff »Sørlandet«** *liegt längsseits der Bark »Alexander von Humboldt II«. Im Hintergrund ist das Vollschiff »Stad Amsterdam« zu erkennen. (Foto: Uberpuster / CC-BY-SA 3.0)*

geführt wurden. Unter anderem besuchte das Schiff 1933 aber auch die Weltausstellung in Chicago. Bei Kriegsbeginn übernahm die Norwegische Marine den Segler. Nach der Besetzung von Norwegen wurde das Vollschiff von der deutschen Wehrmacht beschlagnahmt und nach Kirkenes geschleppt. Dort fand es als Militärhaftanstalt weitere Verwendung. Bei einem alliierten Bombenangriff ist das Vollschiff nach Splittertreffern gesunken. Es wurde wieder gehoben, nach Kristiansand geschleppt und nun dort als Depotschiff für U-Boote genutzt. Bei Kriegsende wurde die »Sørlandet« – allerdings in einem sehr schlechten Zustand – dem Eigner wieder zurückgegeben.

Die umfangreiche Reparaturarbeiten dauerten bis 1947. Danach kam der Segler erneut als Schulschiff in Fahrt. Im Jahr 1958 erhielt er im Rahmen einer Modernisie-

06

07

08

09

rung als eines der letzten europäischen Segelschulschiffe auch einen Dieselmotor eingebaut.

Von 1974 bis 1977 lag das Schiff beschäftigungslos auf und wurde dann Ende der 1970er-Jahre gründlich überholt. Es erhielt ein neues Rigg, neue Segel und einen neuen Motor. Im Juli 1980 begann wieder der Seebetrieb, allerdings nicht mehr als reines Schulschiff. Unterhalten wird die »Sørlandet« seither von der 1981 gegründeten Stiftelsen Fullriggeren Sørlandet in Kristiansand. Für zahlende Passagiere und Trainees werden Segelschiffserlebnisse und Veranstaltungen angeboten. Die Segeltörns sind von unterschiedlicher Dauer und gehen in unterschiedliche Fahrtgebiete. Das Schiff überquerte aber auch mehrfach wieder den Atlantik und segelte während der Wintermonate in der Karibik. Weiterhin ist die »Sørlandet« auch häufiger Teilnehmer an den großen internationalen Segelschiffstreffen und Großseglerveranstaltungen.
Im Jahr 2015 errichtete die Stiftung eine eigene Bordschule. Gelehrt werden insbesondere die naturwissenschaftlichen Fächer. Die Schüler und Studenten nehmen neben ihrem Unterricht aktiv am Schiffsbetrieb teil, sind in die Seewachen eingebunden und erfahren dadurch auch eine seemännische Ausbildung.

06 **Zwei Welten begegnen sich**. *Das Vollschiff »Sørlandet« im August 1962 vor dem 263 Meter langen und 89.788 Tonnen verdrängenden Tanker »Esso Libya«. (Foto: Eric Koch / CC-BY-SA 1.0)*

07/08/09
*Die Bildfolge der drei Fotos vom August 1953 zeigt* **Schiffsjungen** *der »Sørlandet« bei der Arbeit in der Takelage. (Fotos: Arne F. Kopke / CC-BY-SA 4.0)*

# Vollschiff »*Stad Amsterdam*«

01

## »Stad Amsterdam«

| | |
|---|---|
| **Schiffstyp** | *Vollschiff* |
| **Flaggenstaat** | *Niederlande* |
| **Bauwerft** | *Damen Oranjewerf, Amsterdam, Niederlande* |
| **Stapellauf** | *2000* |
| **Verdrängung** | *1038 t* |
| **Länge x Breite x Tiefgang** | *76 x 10,50 x 4,80 m* |
| **Besatzung/Passagiere** | *siehe Text* |
| **Segelanzahl/Segelfläche** | *27/unbekannt (ohne Leesegel)*<br>*31/2200 m² (mit Leesegel)* |
| **Antrieb/Antriebsleistung** | *1 x Dieselmotor/1 x 1018 PS* |
| **Geschwindigkeit** | *17 kn (Segel)/11 kn (Motor)* |

Als im Jahr 1995 das Großseglertreffen Sail Amsterdam mit einer großen Seglerparade zu Ende ging, wurde der Stadt bewusst, das es kein großes holländisches Segelschiff gab, das die Parade hätte anführen können. In Folge kam es dann in den Jahren 1997 bis 2000 bei der Damen Oranjewerf in Amsterdam zum Bau eines repräsentativen Vollschiffes. Als Vorbild dienten die legendären Klipper aus der Mitte des 19. Jahrhunderts.

Gebaut wurde das neue Schiff hauptsächlich von Arbeitssuchenden und Schulabgängern, denen damit eine Ausbildung und eine neue Perspektive gegeben wurde. Durch private Sponsoren und öffentliche Mittel konnte das Projekt finanziert werden. Die Baukosten beliefen sich auf circa zehn 10 Millionen Euro.

Im Sommer 2000 wurde das Schiff schließlich auf den Namen »Stad Amsterdam« getauft und auf der Sail Amster-

*01 Vollschiff* ***»Stad Amsterdam«.*** *(Foto: Damen Shipyards)*

*02 Die »Stad Amsterdam« im* ***Wettstreit*** *mit anderen Segelschiffen. (3 Fotos: Zeglarz)*

*03 Die »Stad Amsterdam« kann mit ihrer möglichen* ***Spitzengeschwindigkeit*** *von 17 Knoten so manchem Konkurrenten das Heck zeigen.*

*04 Die* ***elegante Schiffsform*** *der »Stad Amsterdam« wird auf diesem Foto deutlich. Zu erkennen sind auch an den Rahen vom Großsegel und der Fock sowie von den beiden Obermarssegel die Spieren für die Leesegel.*

02

03

04

05

06

dam 2000 der Öffentlichkeit erstmals vorgestellt. Zugleich war es Flaggschiff der Veranstaltung. Diese Funktion erfüllte das Vollschiff auch in den Jahren 2005, 2010 und 2015.

Aus Sicherheits- und Stabilitätsgründen sind im Rumpf der »Stad Amsterdam« 210 Tonnen Bleiballast vorhanden. Außerdem wurden zur Vermeidung von Topplastigkeit die Stengen aus Aluminium gefertigt. Neben ihren 27 Segeln kann die »Stad Amsterdam«, wie auch einst die Klipper, noch Leesegel setzen. Sie kommt damit auf 2200 Quadratmeter Segelfläche, was ihr bei guten Windverhältnissen eine Geschwindigkeit von 17 Knoten ermöglicht. Brasswinden erleichtern die Bedienung der unteren Rahen.

Seit ihrer Ablieferung im Jahre 2000 wird die »Stad Amsterdam« von der Rederij Clipper Stad Amsterdam bereedert.

Das Schiff segelt Luxusfahrten, macht aber auch Angebote für Sail Training. Bei den diversen Segelveranstaltungen, Windjammertreffen und maritimen Großereignissen ist die »Stad Amsterdam« ebenfalls häufig anzutreffen. Das Schul- und Charterschiff hat eine ständige 30-köpfige Besatzung. Für mehrtägige Törns können 28 Personen in 14 klimatisierten und luxuriös eingerichteten Doppelkabinen mitgenommen werden, in denen noch zusätzlich zwei klappbare Kojen vorhanden sind. Außerdem gibt es zwei Doppelbett-Suiten. Für Tagesfahrten ohne Übernachtung erhöht sich die Einschiffungskapazität auf 115 Gäste.

Mit der brasilianischen »Cisne Branco« und der omanischen »Shabab Oman II« hat die »Stad Amsterdam« zwei Schwesterschiffe. Diese drei Schiffe sind weltweit die einzigen in Fahrt befindlichen Klipper.

*05 Das Vollschiff »Stad Amsterdam« (l.) und die kolumbianische Bark »Gloria« (r.) im August 2005 auf der* ***Sail Bremerhaven****. (Foto: Ralf Künnemann)*

*06 Die »Stad Amsterdam« im September 2015 in* ***Hamburg****. (4 Fotos: Hans Karr)*

*07 Die s****chlanken Linien eines Klippers*** *sind auf dieser Bugaufnahme der »Stad Amsterdam« deutlich sichtbar.*

*08 Die* ***Galionsfigur*** *»Stad Amsterdam« stellt eine langhaarige etwas freizügig gekleidete Frau dar. Die kleine Weltkugel in ihrer rechten Hand symbolisiert das Segeln auf allen Meeren der Welt.*

*09 Die künstlerisch gestaltete* ***Heckzier*** *der »Stad Amsterdam«.*

*10 Das Vollschiff »Stad Amsterdam« wird in* ***Den Helder*** *zu seinem Liegeplatz geschleppt. (Foto: Damen Shipyards)*

*11 Die im Jahr 2000 zur Überholung* ***im Dock*** *trockengelegte »Stad Amsterdam« zeigt ihre schöne und schlanke Schiffsform. (Foto: Damen Shipyards)*

07

08

09

10

11

# Bark »*Statsraad Lehmkuhl*«

01

02

## »Statsraad Lehmkuhl«

| | |
|---|---|
| **Schiffstyp** | *Bark* |
| **Flaggenstaat** | *Norwegen* |
| **Bauwerft** | *Joh. C. Tecklenborg, Geestemünde, Deutschland* |
| **Stapellauf** | *14. Januar 1914* |
| **Verdrängung** | *1516 t* |
| **Länge x Breite x Tiefgang** | *98 x 12,60 x 5,20 m* |
| **Besatzung/Trainees** | *24/150* |
| **Segelanzahl/Segelfläche** | *22/2026 m²* |
| **Antrieb/Antriebsleistung** | *1 x Dieselmotor/1 x 1125 PS* |
| **Geschwindigkeit** | *17 kn (Segel)/11 kn (Motor)* |

Die norwegische Bark »Statsraad Lehmkuhl« hat schon über ein Jahrhundert unter ihrem Kiel. Als »Grossherzog Friedrich August« lief das Schiff auf seiner Bauwerft Joh. C. Tecklenborg in Geestemünde für den Deutschen Schulschiff-Verein am 14. Januar 1914 vom Stapel.

Größere Fahrten konnte die Bark unter deutscher Flagge allerdings nicht mehr machen. Der Ausbruch des Ersten Weltkrieges hatte dies verhindert. Als Reparationsleistung ging das Schiff 1919 nach England. Eine richtige Verwendung hatte man dort für den rein als Schulschiff konzipierten Segler aber nicht. Für den Transport von Frachtladungen war die Bark nicht geeignet.

Vier Jahre später wurde die Bark von der Bergenske Dampskibsselskab auf Initiative ihres späteren Namensgebers Kristofer Didrik Lehmkuhl käuflich erworben und nach Bergen überführt.

*01 Die »**Statsraad Lehmkuhl**« Anfang der 1950er-Jahre im abgetakelten Zustand als Auflieger. (Foto: Arne F. Kopke / CC-BY-SA)*

*02 Das Segelschulschiff »Statsraad Lehmkuhl« **unter vollen Segeln**. (Foto: Bruno Girin / CC-BY-SA 2.0)*

*03 Die Bark »Statsraad Lehmkuhl« als Teilnehmer an einer **Großsegler-veranstaltung**. (Foto: Bruno Girin / CC-BY-SA 2.0)*

*04 Nicht immer gibt es einen blauen Himmel und eine ruhige See. Auf dem Bild ist die »Statsraad Lehmkuhl« in **stürmischem Wetter** zu sehen. (Foto: Ronnie Robertson / CC-BY-SA 2.0)*

03

04

Das Schiff ging dann an die Bergens Skolskib Stiftelsen, die es bis 1966 als Segelschulschiff »Statsraad Lehmkuhl« betrieb. Während des Zweiten Weltkriegs war die »Statsraad Lehmkuhl« von der deutschen Wehrmacht beschlagnahmt, hieß »Westwärts« und fand als Depotschiff der Kriegsmarine Verwendung. Nach der Rückgabe erhielt die Bark 1945 wieder ihren alten Namen.
Nach Instandsetzung war die »Statsraad Lehmkuhl« bis 1949 als Segelschulschiff in Fahrt. Dann kam aufgrund der hohen Unterhaltungskosten eine dreijährige Liegezeit als stationäres Schulschiff. Von 1952 bis 1967 fuhr die Bark wieder zur See. Dann drohte aus Kostengründen der Verkauf ins Ausland. Es gelang aber das Segelschiff für Norwegen und für die Stadt Bergen zu erhalten. Nach einer Grundüberholung betrieb der Reeder Hilmar Reksten die »Statsraad Lehmkuhl« ab 1969 auf eigene Rechnung, musste aber wegen der Kürzung der staatlichen Unterstützung den Segler 1972 erneut im Hafen von Bergen auflegen.

Seit 1978 gehört die »Statsraad Lehmkuhl« der neu gegründeten Stiftelsen Seilskipet Statsraad Lehmkuhl. Durch Vercharterungen sowie durch Fahrten mit überwiegend segelschiffsbegeisterten Jugendlichen als Trainees trägt sich das Segelschiff finanziell und steht damit wieder als Ausbildungsschiff zur Verfügung. Auch die Norwegische Marine nutzt die Bark zur Ausbildung ihres Offiziernachwuchses. Während einer längeren Werftliegezeit des deutschen Segelschulschiffes »Gorch Fock«, griff vom September bis Dezember 2000 die Deutsche Marine ebenfalls auf diese Ausbildungsmöglichkeit zurück.
Die »Statsraad Lehmkuhl« nimmt regelmäßig an den internationalen Windjammertreffen teil und ist nach Ende der Wettfahrten und der Regatten in der Regel immer auf den guten Plätzen zu finden.

05

06

07

05 Die **»Statsraad Lehmkuhl«** *läuft in einem Auslandshafen ein. (TimOve / CC-BY-SA 2.0)*

06 **Großsegler unter sich**. *Der Wald aus Masten und Rahen ist immer wieder ein faszinierender Anblick. (Foto: Carsten Wiehe / CC-BY-SA 3.0)*

07 *Die »Statsraad Lehmkuhl« hat bei der* **Sail Bremerhaven 2015** *in Bremerhaven festgemacht. (Foto: Hans Karr)*

08

09

10

08 Die *»Statsraad Lehmkuhl« in* **nächtlicher Beleuchtung**. *(Foto: Michael Osmenda / CC-BY-SA 2.0)*

09 *Die Bark »Statsraad Lehmkuhl« des nachts auf ihrem* **Liegeplatz in Bergen**. *(Foto: Svein-Magne Tunli / CC-BY-SA 4.0)*

10 *Die Bark »Statsraad Lehmkuhl« im Hafen* **an der Pier**. *(Foto: rene boulay / CC-BY-SA 3.0)*

Bark »*Tarangini*«

01

## »Taranginia«

| | |
|---|---|
| **Schiffstyp** | *Bark* |
| **Flaggenstaat** | *Indien* |
| **Bauwerft** | *Goa Shipyard Ltd., Vasco da Gama, Indien* |
| **Stapellauf** | *1. Dezember 1995* |
| **Verdrängung** | *513 t* |
| **Länge x Breite x Tiefgang** | *54 x 8,50 x 4,50 m* |
| **Besatzung/Kadetten** | *33/30* |
| **Segelanzahl/Segelfläche** | *18/965 m²* |
| **Antrieb/Antriebsleistung** | *2 x Dieselmotor/2 x 320 PS* |
| **Geschwindigkeit** | *11 kn (Segel)/10 kn (Motor)* |

02

03

Der Bauauftrag für das Segelschulschiff »Tarangini« der Indischen Marine erfolgte im Jahr 1995. Schon am 1. Dezember des Jahres lief die Bark bei der Goa Shipyard Ltd. in Vasco da Gama im westindischen Bundesstaat Goa vom Stapel und stellte am 11. November 1997 in Dienst. Der Name bedeutet auf Deutsch »die über den Wogen gleitet«. Das identische Schwesterschiff »Sudarshini« kam rund 14 Jahre später am 27. Januar 2012 in Dienst.

Seit seiner Indienststellung machte die Bark lange weltweite Reisen. In den Jahren 2003/2004 umsegelte die »Tarangini« als erstes indisches Marineschiff die Welt.

In 2015 führte die »Tarangini« eine achtmonatige Reise nach Europa durch. Dabei nahm sie an mehreren Großseglertreffen teil, unter anderem an der Hanse Sail in Rostock, der Sail Bremerhaven und der Sail Amsterdam. Allein auf dieser Reise legte die Bark rund 17.000 Seemeilen zurück.

Das Segelschulschiff »Tarangini« wird von der Indischen Marine auch im Sinne von »strengthening the bridges of friendship across the seas« eingesetzt.

04

*01 Die Bark **»Tarangini«** passiert unter vollen Segeln die Newport Bridge in der Narragansett Bay im US-Bundesstaat Rhode Island. (Foto: Cruadin / CC-BY-SA 3.0)*

*02 Die »Tarangini« läuft am 2. November 2015 in **Malta** ein. (Foto: Indische Marine)*

*03 Das **Segelschulschiff** »Tarangini« beim Einlaufen in einen ausländischen Hafen. (Foto: Pednekar Kaushal / CC-BY-SA 4.0)*

*04 Das Segelschulschiff »Tarangini« als **Hafenlieger**. (Foto: Ranjithsiji / CC-BY-SA 3.0)*

## Viermastbark *»Union«*

01

## »Union«

| | |
|---|---|
| **Schiffstyp** | *Viermastbark* |
| **Flaggenstaat** | *Peru* |
| **Bauwerft** | *SIMA, Callao, Peru* |
| **Stapellauf** | *22. Dezember 2014* |
| **Verdrängung** | *3200 t* |
| **Länge x Breite x Tiefgang** | *115,75 x 13,50 x 6,50 m* |
| **Besatzung/Kadetten** | *123/134* |
| **Segelanzahl/Segelfläche** | *33/4324 m²* |
| **Antrieb/Antriebsleistung** | *1 x Dieselmotor/1 x 2039 PS* |
| **Geschwindigkeit** | *18 kn (Segel)/12 kn (Motor)* |

*02*

Als letzte der südamerikanischen Seestreitkräfte ließ auch die Peruanische Marine im Jahr 2014 ein Segelschulschiff bauen. Es entstand auf der Staatswerft Staatswerft SIMA (Servicios Industriales de la Marina) in Callao. Am 22. Dezember 2014 lief die Viermastbark »Union« dort vom Stapel. Sie stellte am 27. Januar 2016 in Dienst. Damit ging für die Peruanische Marine der schon seit 1985 bestehender Wunsch nach einem Segelschulschiff endlich in Erfüllung.

Die Namensgebung erfolgte als Erinnerung und zu Ehren einer peruanischen Korvette, die sich in einem Krieg des späten 19. Jahrhunderts auszeichnete. Mit 3200 Tonnen Verdrängung zählt die »Union« zu den weltweit größten Segelschulschiffen.
Ihre erste Reise führte die »Union« Anfang Juli 2016 durch. Dabei blieb sie überwiegend in heimatlichen Gewässern. Ende Juli folgte schon eine größere Auslandsreise, wobei Häfen in Peru, Ecuador, Kolumbien, Puerto Rico, Kuba, USA, Mexiko und Panama angelaufen wurden.

Im Jahr 2017 standen unter anderem verschiedene Länder in Europa auf dem Reiseplan. Dabei besuchte die »Union« auch Hamburg. Außerdem konnte das Schiff bei seiner ersten Regattateilnahme die Boston Teapot Trophy gewinnen, die an das Segelschiff vergeben wird, das – mit über 50 Prozent der Besatzung in Ausbildung – innerhalb von 124 Stunden die weiteste Strecke zurücklegt.

*03*

*04*

*01 Die* ***feierliche Indienststellung*** *des Segelschulschiffes »Union« erfolgte am 27. Januar 2016. Auf der Luftaufnahme ist das Schiff zwar festlich über die Toppen geflaggt, aber noch ohne Nationalflagge. (Foto: Ministerio de Defensa del Peru / CC-BY-SA 2.0)*

*02 Segelschulschiff* ***»Union«*** *mit gesetzten Segeln und, wie in Südamerika üblich, mit einer riesigen Nationalflagge. (Foto: Mauricio Gonzalez / CC-BY-SA 1.0)*

*3/4* ***Segelschulschiff »Union«****. (Fotos: Ministerio de Defensa del Peru / CC-BY-SA 2.0)*

# Museumsschiffe in Deutschland

*Die Viermastbark »Peking« als Museumsschiff in New York. Seit September 2020 hat sie ihren* ***Liegeplatz in Hamburg****. (Foto: renato agostini 4 / CC-By-Sa 3.0)*

# Bark »*Alexander von Humboldt*«

01

## »Alexander von Humboldt«

| | |
|---|---|
| **Schiffstyp** | *Bark* |
| **Flaggenstaat** | *Deutschland* |
| **Bauwerft** | *AG Weser, Bremen, Deutschland* |
| **Stapellauf** | *10. September 1906* |
| **Verdrängung** | *829 t* |
| **Länge x Breite x Tiefgang** | *62,55 x 8,02 x 4,88 m* |
| **Besatzung/Trainees** | *15/45* |
| **Segelanzahl/Segelfläche** | *25/1036 m²* |
| **Antrieb/Antriebsleistung** | *1 x Dieselmotor/1 x 510 PS* |
| **Geschwindigkeit** | *12 kn (Segel)/9 kn (Motor)* |

Die Bark »Alexander von Humboldt« entstand im Jahre 1906 auf der Werft AG Weser in Bremen. Als Feuerschiff »Reserve Sonderburg« war sie geplant und als solches lief sie am 10. September 1906 vom Stapel. Unter verschiedenen Namen und auf verschiedenen Feuerschiffpositionen war das Schiff bis zum Sommer 1967 als Feuerschiff im Einsatz, zuletzt als »Feuerschiff Kiel« am Ausgang der Kieler Förde. Danach blieb es noch einige Jahre als Reservefeuerschiff mit wechselnden Positionen aktiv. Zwei schwere Zusammenstöße mit Handelsschiffen musste das Feuerschiff auf den Stationen Kiel (1957) und Deutsche Bucht (1986) über sich ergehen lassen und verkraften. Am 23. September 1986 kam dann das endgültige Aus als Feuerschiff.

Nach der Außerdienststellung kaufte die Deutsche Stiftung Sail Training, eine Stiftung zur Förderung des Jugendsegelns, den Veteranen. Damit begann ein neuer Lebensabschnitt als »Windjammer für die Jugend«.

02

03

*01 Bark* **»Alexander von Humboldt«**. *(Foto: Zeglarz)*

*02* **Bark** *»Alexander von Humboldt«. (Foto: Hans Georg Schröder)*

*03 Bark* **»Alexander von Humboldt«**. *(Foto: Hans Karr)*

04

05

Wie viele Feuerschiffe war auch bei der »Reserve Sonderburg« ein robuster seetüchtiger Segelschiffsrumpf Planungsgrundlage bei der Konstruktion. So konnte der Umbau in einen Großsegler mit Barktakelung recht problemlos und schnell vonstatten gehen, zumal er von Bremer Firmen und Privatleuten gesponsert wurde. Bereits im März 1988 erfolgte die Probefahrt und am 20. Mai die Taufe auf den Namen des berühmten deutschen Naturforschers und Weltreisenden Alexander von Humboldt (1769–1859).

Die Bark »Alexander von Humboldt« hat seither mit ihren jugendlichen Besatzungen, den sogenannten Trainees, denen theoretische und praktische Seemannschaft vermittelt und beigebracht wird, zahlreiche Reisen rund um den Globus unternommen. Höhepunkte waren die jährlich stattfindenden Tall Ships Races und andere Großseglertreffen. Südamerika, die Karibik und die Kanarischen Inseln sowie das Mittelmeer standen häufig auf den Reiseplänen.

In den Jahren 1998/1999 machte die Bark eine weltweite Reise auf den Spuren ihres Namensgebers. Auf dem 14.870 Seemeilen langen und 204 Tage dauernden Törn überquerte das Segelschiff zum ersten Mal den Äquator. Im Januar 2006 umrundete die »Alexander von Humboldt« unter Segeln in Ost-West-Richtung bei einer Windstärke von 10 Beaufort das Kap Hoorn und war damit der erste Großsegler unter deutscher Flagge der seit 1949 – die damals noch unter finnischer Flagge fahrende »Pamir« sei mal mitgerechnet – das Kap wieder umrundet hatte. Die Betriebskosten der »Alex« – so wurde sie von Kennern liebevoll genannt – erwirtschaften sich aus Spenden, Mitgliedsbeiträgen, Buchungen von Mitsegel- und Chartertörns sowie Werbeverträgen.

06

07

08

Insbesondere sei auch daran erinnert, dass die Bark als Werbeträger für die Bremer Brauerei Beck & Co. GmbH, ihrem Hauptsponsor, fungierte. Die grünen Bierflaschen der Brauerei passten farblich ideal zum sehr elegant aussehenden grünen Rumpf und den grünen Segeln des Schiffes. Für die »Alexander von Humboldt« erhöhte sich durch die Werbespots der Bierwerbung der Bekanntheitsgrad um ein Vielfaches.

Wegen ständig steigender Sicherheitsanforderungen und der damit einhergehenden höheren Betriebs-, Unterhaltungs- und Wartungskosten wurde die hundertjährige »Alexander von Humboldt« dem Eigner zu teuer. Außerdem drohte ohne kostspielige Umbauten ab 2013 der Ablauf der Fahrterlaubnis. Das Schiff wurde daher am 9. Oktober 2011 außer Dienst gestellt und verkauft. Über 350.000 Seemeilen und 35.000 an Bord ausgebildeter Trainees sind im Logbuch der »Alex« verzeichnet.

Die Bark sollte nun von den Bahamas aus für touristische Segeltouren genutzt werden. Das Vermarktungskonzept des neuen Eigentümers ging aber nicht auf. Über mehrere Zwischenstationen gelangte die »Alexander von Humboldt« bald wieder nach Deutschland und liegt seit Oktober 2016 als Veranstaltungs- und Hotelschiff in Bremen auf der Weser in unmittelbarer Nähe zur Innenstadt an der Pier. Nachfolgerin für den Betrieb der Stiftung ist die neu gebaute Bark »Alexander von Humboldt II«.

04 ***Besatzungsmitglieder*** *der »Alexander von Humboldt« bei der Arbeit im Fockmast. (Foto: Unger.dirk)*

05/06
*Die als* ***Schul- und Charterschiff*** *außer Dienst gestellte »Alexander von Humboldt« wird als Restaurant- und Hotelschiff weiter betrieben. Sie hat ihren Liegeplatz auf der Weser an der Schlachte in der Bremer Innenstadt. (5 Fotos: Hans Karr)*

07 *Eine* ***Seemannsdarstellung*** *aus der Zeit des Namensgebers »in den Rahen bei der Arbeit«.*

08 *Das über 100 Jahre alte* ***Ankerspill*** *und die* ***Schiffsglocke*** *der »Alexander von Humboldt«.*

09 *Das* ***Oberdeck*** *der »Alexander von Humboldt« in seiner heutigen Nutzung als Restaurant.*

09

# Bark »*Gorch Fock*«

01

## »Gorch Fock«

| | |
|---|---|
| **Schiffstyp** | *Bark* |
| **Flaggenstaat** | *Deutschland* |
| **Bauwerft** | *Blohm+Voss, Hamburg, Deutschland* |
| **Stapellauf** | *3. Mai 1933* |
| **Verdrängung** | *1811 t* |
| **Länge x Breite x Tiefgang** | *82,10 x 12 x 5,30 m* |
| **Besatzung/Kadetten** | *60/190* |
| **Segelanzahl/Segelfläche** | *23/1857 m$^2$* |
| **Antrieb/Antriebsleistung** | *1 x Dieselmotor/1 x 550 PS* |
| **Geschwindigkeit** | *12 kn (Segel)/8 kn (Motor)* |

02

Am 26. Juli 1932 musste die Reichsmarine – am 1. Juni 1935 in Kriegsmarine umbenannt – mit dem Untergang des Segelschulschiffes »Niobe« einen schmerzlichen Verlust verzeichnen, als das Segelschulschiff in einer starken nicht vorhersehbaren Gewitterbö im Fehmarnbelt kenterte. Von der 109 Mann starken Besatzung kamen dabei 69 Seeleute ums Leben.

Trotz der Tragik des Ereignisses ging man recht schnell an die Planung für ein Ersatzschiff. Bereits im Dezember erhielt die Hamburger Werft Blohm+Voss den Auftrag zur Konstruktion und Bau des neuen Segelschulschiffes. Ein Unglück, so wie mit der »Niobe« geschehen, sollte es aber nicht mehr geben. Sicherheitsaspekte hatten daher oberste Priorität bei den Planungen. Durch einen fest eingebauten Ballast waren Krängungen bis zu 90 Grad – so in der theoretischen Berechnung – ausgleichbar und damit keine Gefahr für das Schiff.

*01 Das Segelschulschiff **»Gorch Fock«** am 30. Mai 1936 bei der Parade zur Einweihung des Marine-Ehrenmals in Laboe. (Foto: Rossow / CC-BY-SA 3.0)*

*02 Die Segelschulschiffe **»Horst Wessel«** (li) und **»Gorch Fock«** (re) der Kriegsmarine. (Foto: Deutscher Marinebund)*

*03 Die »Gorch Fock« als russisches Segelschulschiff **»Towaritsch«**. (Foto: Bibliothek für Zeitgeschichte)*

03

04

05

Außerdem erhielt der als Bark getakelte Neubau einen Dieselmotor.

Der Namen des am 3. Mai 1933 vom Stapel gelaufene und als Bark getakelte Segelschulschiffs geht zurück auf den norddeutschen Schriftsteller Johann Kinau, der sich in seinen Werken unter dem Pseudonym Gorch Fock der Seefahrt widmete. Als Besatzungsmitglied auf dem Kleinen Kreuzer »Wiesbaden« ist er in der Skagerrakschlacht gefallen.

Schon bald folgten 1936 und 1937 die Stapelläufe zweier weiterer, auf den gleichen Plänen beruhender Segelschulschiffe, die als »Horst Wessel« (heute »Eagle«) und »Albert Leo Schlageter« (heute »Sagres«) bei der Kriegsmarine in Dienst stellten. Für Rumänien wurde 1939 mit der »Mircea« ein Exportbau abgeliefert. Die Kriegsmarine orderte 1939 eine vierte Einheit, die den Namen »Herbert Norkus« erhalten sollte, aber kriegsbedingt nicht mehr fertig gebaut wurde. Auch die im Aufbau befindliche Bundesmarine griff 20 Jahre später wieder auf die Baupläne zurück und ließ mit der zweiten »Gorch Fock« die sechste Einheit dieser Schulschiffklasse bauen.

Das Segelschulschiff »Gorch Fock« stellte am 27. Juni 1933 in Dienst. Die Bark versah in den Jahren bis zum Zweiten Weltkrieg ihren Ausbildungsdienst hauptsächlich in der Ost- und Nordsee. Wenige Ausnahmen bildeten kurze Reisen nach Norwegen, England, den Niederlanden und nach Madeira. Den Krieg überstand die »Gorch Fock« als stationäres Schulschiff. Vor der anrückenden Roten Armee wurde sie am 1. Mai 1945 in Stralsund selbst versenkt.

Als Kriegsbeute der Sowjetunion zugesprochen erfolgte 1946/1947 die Hebung und anschließend die Wiederherstellung des Schiffes. In der Sowjetunion erhielt die am 10. April 1950 wieder in Dienst gestellte Bark den Namen »Towaritsch«, auf Deutsch Genosse.

06

*04/05*
*Die »Gorch Fock« an ihrem heutigen Liegeplatz als* **Museumsschiff in Stralsund**. *(Alle Fotos: Hans Karr)*

*06 Auch bei schlechtem Wetter: Besucher sind immer* **an Bord des Schiffsveteranen**.

*07 Eines der restaurierten Kadettendecks strahlt* **in neuem Glanz**.

Bis 1991 befuhr sie unter russischer Flagge als Schulschiff die Weltmeere und war erfolgreicher Teilnehmer zahlreicher internationaler Großseglerregatten. In dieser Zeit hat das Segelschulschiff 100 ausländische Häfen in 40 Ländern besucht.

Mit dem Zerfall der Sowjetunion kam die »Towaritsch« unter Beibehaltung ihres Namens unter ukrainische Flagge. Als Segelschulschiff wurde sie jedoch nicht mehr genutzt. Mit zahlenden Gästen an Bord fuhr sie in den nächsten Jahren zur See. Schon recht bald stellten sich finanzielle Schwierigkeiten ein und der Verfall des Schiffes war nicht mehr aufzuhalten. Die Erhaltung der »Towaritsch« war zunehmend gefährdet. Von 1999 bis 2003 lag sie aufgelegt in Wilhelmshaven.

Am 9. September 2003 erwarb der neu gegründete Verein Tall-Ship Friends e.V. den betagten Veteranen. An Bord eines Dockschiffes gelangte die nicht mehr fahrtüchtige Bark nach Stralsund und erhielt wieder ihren alten Namen ‚Gorch Fock'. Nach zahlreichen Restaurierungsarbeiten, in die bisher 1,5 Millionen Euro geflossen sind, kann sie dort als Museumsschiff besichtigt werden.
Es hat sich jedoch gezeigt, dass die laufenden Kosten für den Unterhalt des Schiffes nicht alleine durch den Verein getragen werden können. Im Februar 2021 gab die Hansestadt Stralsund in einer Pressemitteilung bekannt, dass ein Weg gefunden wurde, der »den Erwerb sowie die Sanierung der »Gorch Fock« durch die Hansestadt Stralsund und den weiteren Betrieb sowie die Übernahme weiterer Instandhaltungs- und Instandsetzungsmaßnahmen durch den Verein vorsieht«.

Der weitere Erhalt der nun fast 90 Jahren alten »Gorch Fock« ist damit für die Zukunft gesichert und das Museumsschiff, das unter drei Flaggen und zwei Namen zur See gefahren ist, wird der Nachwelt erhalten bleiben.

07

# Viermastbark »*Passat*«

01

## »Passat«

| | |
|---|---|
| **Schiffstyp** | *Viermastbark* |
| **Flaggenstaat** | *Deutschland* |
| **Bauwerft** | *Blohm+Voss, Hamburg, Deutschland* |
| **Stapellauf** | *20. September 1911* |
| **Vermessung** | *3181 BRT* |
| **Länge x Breite x Tiefgang** | *115 x 14,40 x 7,24 m* |
| **Besatzung** | *25–35 (Frachtschiff), 86 (Schulschiff)* |
| **Segelanzahl/Segelfläche** | *34/4100 m²* |
| **Antrieb/Antriebsleistung** | *1 x Dieselmotor/1 x 900 PS* |
| **Geschwindigkeit** | *16 kn (Segel)/6 kn (Motor)* |

02

Die Viermastbark »Passat« hatte einen nahezu identischen Lebenslauf mit der im nächsten Kapitel beschriebenen »Pamir«. Bei der Hamburger Werft Blohm+Voss lief das Schiff für die Hamburger Reederei F. Laeisz am 20. September 1911 vom Stapel. Sie war der letzte der legendären Flying P-Liner, der noch vor dem Ersten Weltkrieg gebaut wurde.

In der Takelage der vier Masten waren 16.350 Meter Stahldraht sowie 6400 Meter Hanf- und Manilatauwerk verarbeitet. Die 34 Segel hatten eine Fläche von 4100 Quadratmeter. Bei günstigen Winden erreichte die »Passat« eine Geschwindigkeit von 16 Knoten.

An Heiligabend 1911 startete der neue Flying P-Liner mit 2365 Kubikmeter Stückgut und 3370 Tonnen sonstiger Ladung zu seiner ersten Reise nach Valparaiso. Die Rückfracht bestand wie damals üblich aus Salpeter.

*01 Viermastbark* ***»Passat«****. (Foto. Bibliothek für Zeitgeschichte)*

*02 Die Luftaufnahme zeigt die Viermastbark »Passat« unter* ***voller Besegelung*** *und unter finnischer Flagge. (Foto: Archiv Autor)*

*03 Die Viermastbark »Passat« an ihrem heutigen Liegeplatz in* ***Lübeck-Travemünde****. (Foto: Aconcagua / CC-BY-SA 3.0)*

03

04

05

06

04/05 Auch an der Pier und ohne Segel ist die **»Passat«** ein beeindruckendes Schiff. (Alle Fotos: Hans Karr)

06 Die **Heckverzierung** der »Passat«.

07 Auch wenn mit der Kurbel im Handbetrieb zu bedienen, so waren die Brasswinden für die Mannschaft doch eine erhebliche Erleichterung beim **Brassen der Rahen**.

08 Ein für Besucher begehbar hergerichteter ehemaliger **Frachtraum**.

09 Der achtere **Ruder- und Kompassstand** auf der »Passat«.

Bis 1914 folgten noch weitere zwei Reisen nach Chile. Der Erste Weltkrieg überraschte die »Passat« auf ihrer vierten Reise. In Iquique wurde das Schiff im August 1914 interniert und bis zum Sommer 1920 festgehalten. Mit einer Ladung Salpeter fuhr die Viermastbark zurück nach Europa, aber nicht mehr nach Deutschland. Sie war Frankreich als Reparationsleistung zugesprochen worden und die Ladung musste in Marseille gelöscht werden.

Da Frankreich aber kein großes Interesse an Segelschiffen hatte, konnte die Reederei ihr Schiff bald wieder zurückkaufen und weiter in der Salpeterfahrt nutzen. Wirtschaftlich unrentabel geworden, wurde die »Passat«, genau wie die »Pamir«, an den finnischen Reeder Gustaf Erikson verkauft, der sie ab 1932 in der Weizenfahrt nach Australien einsetzte. Der Beginn des Zweiten Weltkriegs verhinderte den weiteren Betrieb des Schiffes und die Viermastbark blieb in Mariehamn liegen. Erst 1946 kam sie wieder für einige Jahre erneut in Fahrt.

Zusammen mit der »Pamir« sollte 1951 das Schiff abgewrackt werden, was jedoch durch den Einsatz des Lübecker Reeders Heinz Schliewen verhindert werden konnte. Zunächst unter dessen Flagge und dann unter der »Stiftung Pamir und Passat« wurden die beiden zu Segelschulschiffen umgebaut sowie mit Hilfsmotoren ausgerüstet und weiter als Großsegler zur Ausbildung von nautischen

07

08

09

Offiziersanwärtern der Handelsmarine genutzt. Sie kamen in der Südamerikafahrt zum Einsatz. Das Kap Hoorn haben die sie dabei aber nicht mehr umfahren.

Im Dezember 1957 geriet die »Passat«, die sich mit einer Getreideladung auf der Heimreise befand, in einen schweren Sturm. Wie drei Monate zuvor auf der »Pamir« verrutschte auch auf der »Passat« die als Schüttgut an Bord befindliche Ladung. Durch deren Umtrimmen sowie durch Gegenfluten der Ballasttanks war es jedoch gelungen das Schiff zu stabilisieren und zu retten. Mit Schlagseite musste die »Passat« Lissabon als Nothafen anlaufen.

Die Katastrophe der »Pamir« löste damals in der Öffentlichkeit große Diskussionen über die Notwendigkeit der Segelschiffsausbildung aus. Bereits wenige Wochen später hätte die »Passat« beinahe das gleiche Schicksal ereilt, und sie ist nur knapp einer Katastrophe entgangen. In Folge wurde sie nach ihrer Rückkehr aus der Fahrt genommen und stillgelegt. Damit verschwand der letzte frachtfahrende Großsegler von den Weltmeeren.

Von der Stadt Lübeck 1959 angekauft, diente die »Passat« zunächst als stationäre Ausbildungsstätte für den seemännischen Nachwuchs und war dann später eine Jugendherberge. Heute ist die zwischenzeitlich schon mehrfach restaurierte Viermastbark ein Museumsschiff und liegt in Lübeck-Travemünde. Als noch lebender Zeuge einer längst vergangenen Epoche steht die Viermastbark »Passat« seit 1978 unter Denkmalschutz.

01

## »Peking«

| | |
|---|---|
| **Schiffstyp** | *Viermastbark* |
| **Flaggenstaat** | *Deutschland* |
| **Bauwerft** | *Blohm+Voss, Hamburg, Deutschland* |
| **Stapellauf** | *25. Februar 1911* |
| **Vermessung** | *3100 BRT* |
| **Länge x Breite x Tiefgang** | *115 x 14,40 x 7,24 m* |
| **Besatzung** | *33* |
| **Segelanzahl/Segelfläche** | *32/4100 m²* |
| **Antrieb/Antriebsleistung** | *ohne* |
| **Geschwindigkeit** | *17 kn* |

02

03

04

Die Viermastbark »Peking« war der vorletzte Flying P-Liner, der noch vor dem Ersten Weltkrieg für die Hamburger Reederei F. Laeisz gebaut wurde. Sie lief am 25. Februar 1911 bei der Werft Blohm+Voss in Hamburg vom Stapel.

Charakteristisch, wie auch bei vielen anderen deutschen Segelschiffen, waren die unterteilten Besansegel. An Fracht konnte das Schiff 4600 Tonnen zuladen. Es kam von 1911 bis 1920 für die Reederei in der Salpeterfahrt zum Einsatz. Vor dem Krieg konnte die Viermastbark noch drei Rundreisen durchführen. Im August 1914 wurde das Schiff in Valparaiso interniert.

Nach Kriegsende erfolgte vom Oktober 1919 bis Januar 1920 die Rückführung von Chile nach London. Das Schiff ging anschließend als Reparationsleistung an Italien, wo man jedoch keine Verwendung für die Viermastbark hatte. Die Reederei konnte so ihr Schiff im Januar 1923 für 8500 Pfund zurückkaufen. Bis 1932 kam es wieder in der Salpeterfahrt zum Einsatz. Im Jahr 1926 ist die »Peking« zum kombinierten Fracht- und Schulschiff umgebaut worden. Sie konnte jetzt 43 Offizieranwärter der Handelsmarine mitnehmen und seemännisch ausbilden.

*01 Begegnung auf See. Die Viermastbark* **»Peking«** *passiert ein Handelsschiff unter voller Besegelung. (2 Fotos: Archiv Autor)*

*02 Die »Peking« als abgetakeltes stationäre* **Schulschiff »Arethusa«**.

*03 Das Museumsschiff »Peking« im August 2008 als* **Attraktion** *zwischen den Wolkenkratzern von New York. (Foto: renato agostini4 / CC-BY-SA 3.0)*

*04 Die »Peking« wird zu ihrer* **letzten Reise** *über den Atlantik in das Dockschiff »Combi Dock III« verladen. (Foto: Nightflyer / CC-BY-SA 4.0)*

05

Für die Reederei unrentabel geworden, wurde die »Peking« an die englische Shaftesbury Homes and Arethuse Training Ship verkauft. Sie fand dann ab Juli 1933 als stationäres Schulschiff »Arethusa« weitere Verwendung in Lower Upnor bei Rochester. Das Schiff bot nach dem entsprechenden Umbau und der Teilentfernung der Rahen jetzt Platz für die Ausbildung von 200 bis 300 Schiffsjungen. Dieser Lebensabschnitt der Viermastbark währte 40 Jahre, bis das Ausbildungsschiff dem Betreiber zu teuer wurde. Das South Street Seaport Museum in New York kaufte im Oktober 1974 den Veteranen. Bis in das Detail genau wurde das wieder in »Peking« umbenannte Schiff neu aufgeriggt, in den Originalzustand zurückgebaut und fand als Museumsschiff in New York einen neuen Liegeplatz. Zwischen den Wolkenkratzern war sie seither ein wahrer Blickfang in der amerikanischen Metropole.

Vor einigen Jahren wurde die »Peking« dem Museum zu teuer. Es fehlten die Finanzmittel für die laufende Instandhaltung des Schiffes, das sich in einem schlechten Zustand befand. Es drohte die Verschrottung eines der letzten noch lebenden Zeugen einer legendären Ära der Segelschiffszeit.

Nach langjährigen Bemühungen und Verhandlungen gelang es das Schiff zu retten und für Hamburg zurückzukaufen. Ermöglicht wurde dies auch durch die Tatsache, dass der Deutsche Bundestag am 12. November 2015 für Hamburg 200 Millionen Euro zum Aufbau eines Deutschen Hafenmuseums und für die Restaurierung der Viermastbark »Peking«, die dort eine Hauptattraktion werden soll, bewilligte.
Da die »Peking« für den Transit über den Atlantik nicht mehr schleppfähig war, musste der Transport mit dem Dockschiff »Combi Dock III« erfolgen. Er begann am

05 *Die Viermastbark »Peking« kehrte* ***im Schlepp*** *und in einem Pulk von Segel- und Motorbooten am 7. September 2020 nach Hamburg zurück. (Alle Fotos: Hans Karr)*

06 *Nach* ***88 Jahren*** *wieder in Hamburg.*

07/08 *Die Viermastbark »Peking« an ihrem Interimsliegeplatz im* ***Hansahafen beim Hafenmuseum Hamburg*** *vor dem historischen Schuppen 50A.*

06

07

08

19. Juli 2017 und endete am 30. Juli 2017 in Brunsbüttel. Am 2. August 2017 wurde die »Peking« zur Restaurierung und Instandsetzung sowie zur Herrichtung als Museumsschiff ausgedockt und zur Peters Werft nach Wewelsfleth überführt.

Zwei Jahre dauerte es, bis die Arbeiten an der Viermastbark »Peking« abgeschlossen werden konnten und der Schiffsveteran in neuem Glanz erstrahlte. Am 7. September 2020 war dann der große Tag. Im Schlepp und in Begleitung einer zahlreichen Schar von Segel- und Motorbooten kehrte die »Peking« nach 88 Jahren erstmals wieder nach Hamburg zurück.

Als Zwischenlösung machte sie vorerst im Hansahafen beim Hamburger Hafenmuseum am Kai des historischen Schuppen 50A fest. Später soll diese Liegenschaft ebenfalls Teil des Deutschen Hafenmuseums werden, das seinen Standort im neuen Stadtteil Grasbrook erhalten wird. Die »Peking« selbst wird dann nach dort verlegen und eine weitere Attraktion in der Hansestadt Hamburg werden.

*09*

*10*

*11*

*09 Die* **Werftplakette** *weist die »Peking« als Bau Nr 205 der Hamburger Werft Blohm+Voss aus.*

*10/11* **Mit eingesteckten Spaken** *wurde das auf der Back stehende Ankerspill im Rundgang von der Mannschaft gedreht. Es wirkte über eine Stange direkt auf das ein Deck tiefer stehende eigentliche Spill mit der Greifmechanik für die Ankerkette.*

*12 Der* **Backbord Anker** *der Viermastbark »Peking«.*

*12*

13

14

13 Die »Peking« hatte keine Galionsfigur, sondern, wie auf allen Flying-P-Liner üblich, lediglich eine **Bugverzierung** mit dem Logo der Reederei F. Laiesz.

14 **Das Steuerrad** vor dem Kartenhaus der »Peking«. Im Sturm mussten bis zu vier Mann am Ruder stehen.

15 Der **Notruderstand** am Heck des Schiffes.

16 Der **Laderaum** der »Peking«, hier ist nur das Zwischendeck abgebildet, hatte riesige Ausmaße. Insgesamt konnten 4600 Tonnen an Fracht mitgenommen werden. (Alle Fotos: Hans Karr)

15

16

# Bark »*Rickmer Rickmers*«

01

## »Rickmer Rickmers«

| | |
|---|---|
| **Schiffstyp** | *Bark* |
| **Flaggenstaat** | *Deutschland* |
| **Bauwerft** | *Rickmers Reismühlen, Rhederei- und Schiffbau AG, Geestemünde, Deutschland* |
| **Stapellauf** | *August 1896* |
| **Verdrängung** | *1980 BRT* |
| **Länge x Breite x Tiefgang** | *97 x 12,20 x 6,00 m* |
| **Besatzung/Kadetten** | *23 (Handelsschiff)*<br>*34 / 200 (Schulschiff)* |
| **Segelanzahl/Segelfläche** | *26/3500 m² (Vollschiff)*<br>*24/unbekannt (Bark)* |
| **Antrieb/Antriebsleistung** | *2 x Dieselmotor/2 x 350 PS* |
| **Geschwindigkeit** | *unbekannt (Segel)/10 kn (Motor)* |

*02*

*03*

*04*

*01/02/03*
*Die Bark* ***»Rickmer Rickmers«*** *an ihrem Liegeplatz an den St. Pauli Landungsbrücken in Hamburg. (Alle Fotos: Hans Karr)*

*04 Der jüngste Enkel des Gründers der Rickmers Reismühlen, Rhederei- und Schiffbau AG ist Namensgeber der »Rickmer Rickmers« und ziert noch heute als* ***Galionsfigur*** *den Bug des Schiffes.*

*05 Die an der Pier liegende »Rickmer Rickmers« ist im* ***Hamburger Hafennebel*** *fast nicht mehr zu erkennen.*

Die »Rickmer Rickmers« lief im August 1896 als Vollschiff auf der hauseigenen Werft der Rickmers Reismühlen, Rhederei- und Schiffbau AG in Geestemünde vom Stapel. Sie war erst das zweite Segelschiff aus Stahl, das auf der Werft gebaut wurde. Bislang waren Holzschiffe der Standard gewesen, weil man einem damals weit verbreiteten Irrglauben zufolge der Meinung war, dass eine Reisladung auf einem stählernen Schiff verderben würde. Der Einsatz der »Rickmer Rickmers« war überwiegend in der Ostasienfahrt vorgesehen. Bis zu 3000 Tonnen an Reisfracht konnte das Vollschiff mitnehmen, das nach dem jüngsten Enkel des Firmengründers benannt war. Noch heute ziert der kleine Rickmer als Galionsfigur den Bug des Schiffes.

Im August 1904 geriet der Segler vor dem Kap der Guten Hoffnung in einen schweren Sturm. Die Ladung verrutschte und die »Rickmer Rickmers« drohte zu kentern, was durch das Kappen der oberen Teile des Kreuzmastes verhindert werden konnte. Als Nothafen musste Kapstadt angelaufen werden, wo das Vollschiff repariert und dabei zur Bark umgetakelt wurde.

Im Jahre 1912 kam es zum Verkauf an die Hamburger Reederei Krabbenhöft, die den Segler unter dem Namen »Max« weiter in der Salpeterfahrt beschäftigte. Diese Zeit währte aber nur kurz. Auf der Heimreise lief das Schiff im September 1914 wegen des ausgebrochenen Ersten Weltkriegs die Azoren an und wurde zwei Jahre später von Portugal als Prise beschlagnahmt. In »Flores« umgetauft transportierte es von nun an Kriegsmaterial für England. In den rund 20 Jahren, in denen das Schiff zuvor unter deutscher Flagge fuhr, führten 14 Rundreisen

*05*

RICKMER RICKMERS
HAMBURG

die »Rickmer Rickmers« bzw. die »Max« nach Indochina, Australien, Südamerika und in die USA.
Im Jahre 1924 kaufte die Portugiesische Marine den Segler und ließ ihn zum Schulschiff umbauen. Nach der portugiesischen Hafenstadt Sagres benannt, kam er als solches erneut in Fahrt. Die Karriere als Segelschulschiff »Sagres« endete 1962, als Portugal in Brasilien die Bark »Guanabara« kaufte und als neue »Sagres« in Dienst stellte. Bei diesem Schiff handelt es sich um die ehemalige deutsche »Albert Leo Schlageter«. Die stillgelegte alte »Sagres« fristete nun abgetakelt und unter dem Namen »Santo Andre« weiter ihr Dasein als Versorgungs- und Hafendepotschiff in Lissabon. Im Laufe der Jahre verfiel das Schiff immer mehr.

Die heruntergekommene Bark wurde 1983 von dem Verein »Windjammer für Hamburg« erworben. Als einer der Höhepunkte beim Hamburger Hafengeburtstag lief sie am 7. Mai 1983 im Schlepp als unansehnliche Hulk in ihrem neuen Heimathafen ein. Nach einer mehrjährigen gründlichen Sanierung und Renovierung hat der wieder auf den Namen »Rickmer Rickmers« rückgetaufte Segler seit September 1987 als Museumsschiff seinen Liegeplatz an den St. Pauli Landungsbrücken in Hamburg.

Die »Rickmer Rickmers« ist seither für Touristen wie auch für Einheimische eine Attraktion. Als Hamburger Wahrzeichen ist sie nicht mehr aus dem Hafenbild wegzudenken. In den ehemaligen Laderäumen sind ein Restaurant sowie ein Ausstellungsdeck zur Geschichte der »Rickmer Rickmers« eingerichtet. Viele Originalexponate veranschaulichen hier die Lebens- und Arbeitswelt an Bord von Segelschiffen. Auch einen technischen Höhepunkt gibt es auf der »Rickmer Rickmers« zu bewundern.

07

08

Von den beiden an Bord vorhandenen Dieselmotoren wurde einer während der Schulschiffzeit unbrauchbar und damals durch eine kleine Dampfmaschine ersetzt. So können heute auf der »Rickmer Rickmers« die drei Antriebsarten der letzten 100 Jahren – Wind, Dampf und Diesel – besichtigt werden.

*06* ***Vergangenheit und Gegenwart** begegnen sich. Die Barken »Rickmer Rickmers« (l.) und »Alexander von Humboldt II« (r.) liegen im Mai 2015 während des Hamburger Hafengeburtstages gemeinsam an der Pier. (Alle Fotos: Hans Karr)*

*07* *Die recht spartanisch eingerichtete **Kombüse** der »Rickmer Rickmers«.*

*08* *Der **Dieselmotor** war ein Teil der Antriebsanlage der »Rickmer Rickmers«.*

*09* *Eine kleine **Dampfmaschine** war das zweite technische Antriebsmittel, das auf der »Rickmer Rickmers« eingebaut war.*

09

# Vollschiff »Schulschiff Deutschland«

01

## »Schulschiff Deutschland«

| | |
|---|---|
| **Schiffstyp** | *Vollschiff* |
| **Flaggenstaat** | *Deutschland* |
| **Bauwerft** | *Joh. C. Tecklenborg, Geestemünde, Deutschland* |
| **Stapellauf** | *14. Juni 1927* |
| **Verdrängung** | *1470 t* |
| **Länge x Breite x Tiefgang** | *86,20 x 11,89 x 5,20 m* |
| **Besatzung/Kadetten** | *24/140* |
| **Segelanzahl/Segelfläche** | *25/1950 m²* |
| **Antrieb/Antriebsleistung** | *ohne* |
| **Geschwindigkeit** | *12 kn* |

Der am 12. Januar 1900 gegründete Deutsche Schulschiff-Verein hatte das Ziel qualifizierten seemännischen Nachwuchs für die Handelsschifffahrt zu gewinnen und auszubilden. Ein solcher Schritt war notwendig geworden, da einerseits für die Zulassung zur Patenterwerbung eine Fahrenszeit auf Segelschiffen vorgeschrieben war, aber andererseits die Zahl der Segelschiffe immer mehr abnahm. Über 200 Persönlichkeiten aus dem Adel, der deutschen Wirtschaft, der Schifffahrt und der Politik zählten zu den Mitgliedern des Vereins, der für seine Zwecke mehrere Segelschulschiffe unterhielt. Mit Rücksicht auf die Rolle des Gründungsprotektors, des Großherzogs von Oldenburg, wurde Oldenburg der Heimathafen der Schiffe, die Liegeplätze befanden sich in Elsfleth.

Als viertes Segelschulschiff in der Vereinsgeschichte entstand im Jahre 1927 auf der Werft Joh. C. Tecklenborg in Geestemünde ein Neubau, der am 14. Juni 1927 vom Sta-

02

03

04

05

01 Von der **Abendsonne** beschienen liegt das Vollschiff »Schulschiff Deutschland« an seinem Liegeplatz an der Lesum-Mündung in Bremen-Vegesack. (Alle Fotos: Hans Karr)

02 Vollschiff **»Schulschiff Deutschland«**.

03 Das **Vorschiff**.

04 Am **Heck** des Vollschiffes »Schulschiff Deutschland« sind noch die Schriftzüge des alten Heimathafens Oldenburg zu erkennen.

05 Die **Bugverzierung**.

pel lief und den Namen »Schulschiff Deutschland« erhielt. Die drei Vorgängerinnen waren die Vollschiffe »Großherzogin Elisabeth« (heute »Duchesse Anne«, Frankreich) und »Prinzeß Eitel Friedrich« (heute Museumsschiff »Dar Pomorza«, Polen) sowie die Bark »Großherzog Friedrich August« (heute »Statsraad Lehmkuhl«, Norwegen). Da die beiden letzteren nach dem Ersten Weltkrieg an die Siegermächte ausgeliefert werden mussten, war nur noch die 1901 gebaute »Großherzogin Elisabeth« im Besitz des Vereins, der nun mit der »Schulschiff Deutschland« über eine weitere Ausbildungskapazität verfügen konnte.

Als Vollschiff getakelt und ausschließlich als Ausbildungsschiff konzipiert war die Mitnahme von Ladung nicht vorgesehen. Ein Festballast von 560 Tonnen sorgte für die nötige Stabilität und Sicherheit des Schiffes. Im Zwischendeck konnten bis zu 140 – nach anderer Quelle bis zu 180 – Auszubildende untergebracht werden.

Bis zum Kriegsausbruch machte das Segelschulschiff »Schulschiff Deutschland« zwölf Überseereisen nach Westindien, Nord- und Südamerika sowie nach Südafrika. Während der Kriegszeit wurde die Ausbildung in der Ostsee mit 17 Reisen fortgeführt. Als Lazarett- und Wohnschiff sowie als Jugendherberge überstand das Vollschiff die Besatzungszeit und entging so seiner Auslieferung an die Siegermächte.

Im Jahre 1952 begann auf dem nun in Bremen stationär liegenden Schiff wieder die seemännische Ausbildung. Bis 1972 fand dieser Schulschiffbetrieb statt, danach erfolgte der Umbau zum Schulinternat und zur Ausbildungswerkstatt. Nach einer umfassenden Renovierung und Überholung in den Jahren 1995/1996 hat die »Schulschiff Deutschland« seit Juni 1996 ihren neuen Stammliegeplatz in Bremen-Vegesack, direkt an der Lesum-Mündung. Bis zum Juli 2001 wohnten Schiffsmechaniker an Bord, die in einem Bremer Schulzentrum ausgebildet wurden.

06

Das Vollschiff wurde 2014/2015 noch einmal gründlich saniert; vor allem der Rumpf war durch Rost angegriffen. Das unter Denkmalschutz stehende letzte erhaltene deutsche Vollschiff kann besichtigt werden. An Bord stehen die Decks und Räumlichkeiten auch für verschiedene Aktivitäten zur Verfügung. Möglich sind Übernachtungen für bis zu 60 Personen, Gesellschaftsfeiern, Seminare, Tagungen und Trauungen.

07

*06 Zwei Fische dienen als Halterung für die* ***Schiffsglocke****.* *(Alle Fotos: Hans Karr)*

*07 Ein* ***Blick über das Oberdeck*** *der »Schulschiff Deutschland«.*

08

09

10

*08 Am 26. August 2021 verlegte das »Schulschiff Deutschland« seinen Liegeplatzt dauerhaft nach* **Bremerhaven***. Es hat dort im Neuen Hafen festgemacht.*

*09 Eine der* **Gästekammern** *wie sie für Übernachtungen auf dem »Schulschiff Deutschland« angeboten werden.*

*10 Ein Blick in den ehemaligen* **Wohnraum** *des* **Kapitäns***.*

Jackassbark *»Niobe«*

# Opfer der See

01

## »Niobe«

| | |
|---|---|
| **Schiffstyp** | *Jackassbark* |
| **Flaggenstaat** | *Deutschland* |
| **Bauwerft** | *Frederikshavn's Varft og Flydedok, Frederikshavn/Dänemark* |
| **Stapellauf** | *2. August 1913* |
| **Verdrängung** | *724 t* |
| **Länge x Breite x Tiefgang** | *46,10 m x 9,17 m x 5,20 m* |
| **Besatzung/Kadetten** | *34/65* |
| **Segelanzahl/Segelfläche** | *15/943 m²* |
| **Antrieb/Antriebsleistung** | *1 x Dieselmotor/1 x 160 PS* |
| **Geschwindigkeit** | *unbekannt (Segel)/7,5 kn (Motor)* |

02

Das Segelschulschiff »Niobe« der Reichsmarine entstand bei der Frederikshavn's Varft og Flydedok in Frederikshavn/Dänemark, wo es am 2. August 1913 als Viermastgaffelschoner »Morten Jensen« vom Stapel lief. Das Schiff wurde 1915 nach Norwegen verkauft und erhielt dort den Namen »Tyholm«.

Am 21. November 1916 wurde die für England fahrende »Tyholm« von dem U-Boot »UB 41« aufgebracht, im Februar 1917 prisenrechtlich eingezogen und blieb dann in deutschem Besitz. In der zweiten Jahreshälfte 1918 erfolgte ein Umbau zum Hilfsfeuerschiff. Allerdings ist nicht belegt, ob es als solches zum Einsatz gekommen ist. In Deutschland war nach dem Krieg der Schiffsraum knapp und so unternahm der Segler ab Juni 1920 unter den Namen »Aldebaran« Charterfahrten für verschiedene Reedereien.

Am 3. Februar 1921 übernahm die Reichsmarine das Schiff und setzte es ab März als Segeltender »Niobe« für Ausbildungszwecke ein. Erster Kommandant wurde Kapitänleutnant Felix Graf von Luckner. Während des Ersten Weltkrieges war Luckner Kommandant des Hilfskreuzers »Seeadler« gewesen, dem letzten Segelschiff, das in einem Kriegseinsatz in Verwendung kam.

Im September 1921 wurde die »Niobe« für etwa ein halbes Jahr einer Filmgesellschaft zu Verfügung gestellt und erhielt den Namen »Schwan«, später »Schwalbe«. Am 6. Februar 1922

*01 Der Viermastgaffelschoner* ***»Morten Jensen«****, der ab den 1920er-Jahren als Schulschiff »Niobe« in der Reichsmarine Verwendung fand.*

*02 Das Segelschulschiff* ***»Niobe«*** *der Reichsmarine war als Jackassbark getakelt. Das heißt: Das Segelschiff führte am Großmast kein Großsegel, sondern ein Gaffelsegel. (Fotos. Bibliothek für Zeitgeschichte)*

kam das Schiff endgültig wieder zurück zur Reichsmarine, die es am 15. März als Segelschulschiff »Niobe« erneut in Dienst stellte.

Im Winterhalbjahr 1922 / 1923 erfolgte der Umbau in eine Jackassbark. Diese Art von Bark führt am Großmast kein Großsegel, sondern an dessen Stelle ein großes Gaffelsegel. Mit 943 Quadratmeter Segelfläche galt die »Niobe« seitdem als übertakelt und neigte zu leichter Schlagseite nach Backbord. Als Hilfsmotor war ein Zweizylinder-Zweitakt-Glühkopf-Dieselmotor eingebaut. Damit erreichte die »Niobe« eine Geschwindigkeit von 7,5 Knoten.

Mit dem Segelschulschiff »Niobe« war die Grundvoraussetzung für eine seemännische Ausbildung der Offizier- und Unteroffizieranwärter der Reichsmarine gegeben. Ab dem 30. April 1923 bis zu seinem tragischen Ende war das Schulschiff ohne nennenswerte Vorkommnisse für die Inspektion des Bildungswesens der Marine im Einsatz.
Am 26. Juli 1932 war das Segelschulschiff auf dem Weg nach Warnemünde. Das Feuerschiff »Fehmarnbelt« war gerade passiert, als wegen aufziehender Gewitterwolken der Kommandant die Obersegel bergen ließ.

In einer nicht vorhersehbaren plötzlich auftretenden Gewitterbö und gleichzeitiger Drehung des Windes um 120 Grad kenterte die »Niobe« auf der Position 54° 35'N und 11° 13' O und sank innerhalb weniger Minuten. Dabei kamen von der Besatzung 69 Mann ums Leben. Von dem Feuerschiff und dem in der Nähe stehenden Frachter »Theresia L.M. Russ« konnten 40 Mann gerettet werden. Ursache für das rasche Sinken war unter anderem die Tatsache, dass zu diesem Zeitpunkt auf Grund des guten Wetters alle Luken und Bullaugen geöffnet waren.

*03*

Am 21. August 1932 wurde das Schiff gehoben, nach Kiel geschleppt und eingehend untersucht. 50 Tote wurden geborgen, in Kiel auf dem Nordfriedhof beigesetzt oder in ihre Heimatorte überführt. 19 Besatzungsangehörige blieben auf See. Das Wrack wurde am 18. September 1933 in einer feierlichen Zeremonie und im Beisein zahlreicher Flotteneinheiten in der Ostsee auf Position 55° 14' N und 17° 21' O durch das Torpedoboot »Jaguar« versenkt.

*04*

*03* **Segelschulschiff »Niobe«.** *(Foto. Bibliothek für Zeitgeschichte)*

*04* **Segelschulschiff »Niobe«.** *(Foto: Bundesarchiv / DVM 10 Bild-23-63-20 / CC-BY-SA 3.0)*

Der Untergang der »Niobe« war eines der schwersten Unglücke der Reichsmarine. In weiten Teilen der Bevölkerung löste das Unglück Betroffenheit und Trauer aus. Der gerettete Kommandant, Kapitänleutnant Heinrich Ruhfus, wurde in dem im November 1932 zur Untersuchung des Verlustes der »Niobe« durchgeführten Kriegsgerichtsverfahren freigesprochen. Im Urteilsspruch hieß es unter anderem: »Die Bö war plötzlich da. Sie fasste das Schiff an wie eine Riesenfaust vom Himmel und drückte es gleichzeitig auf und unter das Wasser. Es kann keine Rede davon sein, dass Kapitänleutnant Ruhfuß irgendwie fahrlässig war in der Führung seines Schiffes. (...) Er ist das Opfer einer höheren Gewalt geworden, der er machtlos gegenüberstand.«

05

06

05 **Segelschulschiff »Niobe«.** *(Foto: Deutscher Marinebund)*

06 *Die Abbildung zeigt die am 21. August 1932 durchgeführte* **Bergung von dem Wrack** *des Segelschulschiffes »Niobe«. (Foto. Bibliothek für Zeitgeschichte)*

07 *In der Christus- und Garnisonkirche in Wilhelmshaven wird den Toten des Segelschulschiffes »Niobe« gedacht. (Foto: Hans Karr )*

08 *Auf dem Kieler Nordfriedhof befindet sich die* **Gedenk- und Grabstätte für die Opfer** *des Untergangs der »Niobe« (Foto: Hans Karr)*

09 *Am Strand von Gammendorf auf der Insel Fehmarn befindet sich eine* **weitere Gedenkstätte für die Opfer des »Niobe«-Unglücks.** *(Foto: Olaf Piehl / CC-BY-SA 4.0)*

07

08

09

Viermastbark »*Admiral Karpfanger*«

01

## »Admiral Karpfanger«

| | |
|---|---|
| **Schiffstyp** | *Viermastbark* |
| **Flaggenstaat** | *Deutschland* |
| **Bauwerft** | *Rickmers Werft, Geestemünde* |
| **Stapellauf** | *2. Mai 1908* |
| **Verdrängung** | *2853 BRT* |
| **Länge x Breite x Tiefgang** | *86,96 x 13,71 x 7,13 m* |
| **Besatzung/Kadetten** | *16/44* |
| **Segelanzahl/Segelfläche** | *30/3100 $m^2$* |
| **Antrieb/Antriebsleistung** | *ohne* |
| **Geschwindigkeit** | *unbekannt* |

Die Viermastbark »Admiral Karpfanger« lief als belgisches Schulschiff »L'Avenir« auf der firmeneigenen Werft der Rickmers Reismühlen, Rhederei & Schiffahrts AG am 2. Mai 1908 in Geestemünde vom Stapel. Es war das letzte große Segelschiff, das die Rickmers Werft baute.

Die »L'Avenir« wurde in den rund 20 folgenden Jahren als frachtfahrendes Schulschiff in der belgischen Handelsmarine genutzt. Im April 1932 wurde es aufgrund der allgemein herrschenden schlechten wirtschaftlichen Verhältnisse an den finnischen Reeder Gustaf Erikson verkauft, der die »L'Avenir« in der australischen Weizenfahrt einsetzte.

Am 19. Juli 1937 erwarb die Hamburg-Amerikanische Packetfahrt-Actien-Gesellschaft (Hamburg-Amerika-Linie oder kurz HAPAG) den Segler«. Die Reederei wollte die Viermastbark als Schulschiff für ihren nautischen Offiziersnachwuchs nutzen. Das Schiff wurde grundüberholt und in »Admiral Karpfanger« - Namensgeber war der Hamburger Kapitän Berend Jacobsen Karpfanger – umbenannt.

02

03

*01 Viermastbark* **»L'Avenir«.**

*02* **Viermastbark** *»L'Avenir«.*

*03 Die Viermastbark »L'Avenir«* **unter Vollzeug.**
*(Alle Fotos: Allan C. Green)*

04

Die mit 2853 BRT – nach anderer Quelle 2738 BRT – vermessene Viermastbark »Admiral Karpfanger« führte 30 Segel mit einer Gesamtfläche von 3100 Quadratmeter. Die Gesamttragfähigkeit betrug 3700 Tonnen. Zwei Dieselmotoren mit zusammen 38 PS dienten der Stromerzeugung zum Betrieb der elektrischen Ladewinden und Pumpen sowie zum Betrieb des Bordnetzes mit dem Lichtnetz, der Funkanlage und der Kühlanlage. Allerdings machten die Dieselmotoren Probleme und die Stromversorgung war nicht immer gesichert.

Am 20. September 1937 trat die Viermastbark ihre erste Ausbildungsreise an, um in Port Germein / Australien, das am 6. Januar 1938 erreicht wurde, Getreide zu laden. An Bord befanden sich 16 Mann Stammbesatzung und 44 Offizieranwärter.

Bereits am 8. Februar 1938 begann mit einer Ladung von 42.549 Sack Weizen im Gesamtgewicht von 3500 Tonnen die Rückreise für Order englischer Löschhafen. Am 1. März erhielt die HAPAG über Norddeich Radio mit 51° S 172° O die letzte Positionsmeldung der »Admiral Karpfanger«. Sie befand sich damit auf der üblichen Segelschiffsroute zwischen Australien und Kap Hoorn. Am 12. März vermerkte das Funktagebuch von Norddeichradio: »06:05 auf 24 m Quittung von DJTX erhalten«. DJTX war das Rufzeichen der »Admiral Karpfanger« von der nun kein weiteres Lebenszeichen mehr folgte. Das Schiff meldete sich nicht mehr und wurde auch von keinem anderen Schiff mehr gesichtet.

In den Monaten April und Mai wuchs zunehmend die Sorge um die Viermastbark. Am 1. Juli 1938 wurde von

05

04 **Viermastbark »Admiral Karpfanger«.**
*(Foto: Bibliothek für Zeitgeschichte)*

05 *Die Viermastbark »Admiral Karpfanger«* **unter Vollzeug.**
*(Foto: Archiv Autor)*

der Reederei eine radiotelegraphische Umfrage nach dem Verbleib des Schiffes eingeleitet. Diese blieb erfolglos. Die »Admiral Karpfanger« wurde weder gehört noch gesehen. Es begann eine intensive aber leider ergebnislose Suche durch Handels- und Kriegsschiffe. Am 25. August 1938 gingen dann die Benachrichtigungen an die Angehörigen der Besatzung, in denen der Verlust des Schiffes und der Tod der gesamten Besatzung mitgeteilt wurde. Die zentrale Trauerfeier für die Besatzung fand am 5. September in der Hamburger St. Michaeliskirche statt.

Am 21. September wurde die »Admiral Karpfanger«, sie war jetzt über sieben Monate in See und drei Monate überfällig, offiziell als verschollen erklärt. Das Lloyd´s Register in London meldete hierzu: »Viermastbark »Admiral Karpfanger« aus Hamburg, 2853 BRT, Kapitän Walker, am 8. Februar von Port Germein nach Falmouth, Plymouth oder Queenstown mit Weizen ausgelaufen, am 12. März mit Norddeich Radio in Funkverbindung, wurde heute von Lloyd´s als verschollen erklärt.«

Die Umstände des Unglücks konnten nie aufgeklärt werden. Allerdings wurden Jahre später an der patagonischen Küste Wrackteile gefunden, die der »Admiral Karpfanger« zugeordnet werden konnten. Letztendlich bleiben aber nur Spekulationen, Vermutungen und Fragen, die keiner beantworten kann. War das Schiff in stürmischer See und steifer Westwindlage quergeschlagen? Ist die Ladung übergegangen und hat dadurch das Schiff zum Kentern gebracht? Hat es in der Nacht eine Kollision mit einem Eisberg, was in diesen Breiten gar nicht so abwegig gewesen wäre, gegeben? Ist die »Admiral Karpfanger« in der Kap Hoorn Region auf ein Riff aufgelaufen und gesunken?

06

07

*06 Die Viermastbark »Admiral Karpfanger« an der* **Pier in Port Gemein**. *Das Foto ist vermutlich die letzte Aufnahme der »Admiral Karpfanger«.*

*07* **Blick in die Takelage** *der »Admiral Karpfanger«. (2 Fotos: Archiv Autor)*

# Viermastbark »*Pamir*«

01

## »Pamir«

| | |
|---|---|
| **Schiffstyp** | *Viermastbark* |
| **Flaggenstaat** | *Deutschland* |
| **Bauwerft** | *Blohm+Voss, Hamburg, Deutschland* |
| **Stapellauf** | *29. Juli 1905* |
| **Vermessung** | *3020 BRT* |
| **Länge x Breite x Tiefgang** | *114 m x 14,04 m x 7,26 m* |
| **Besatzung** | *28–33 (Frachtschiff), 86 (Schulschiff)* |
| **Segelanzahl/Segelfläche** | *34/3800 m²* |
| **Antrieb/Antriebsleistung** | *1 x Dieselmotor/1 x 900 PS* |
| **Geschwindigkeit** | *16 kn (Segel)/6 kn (Motor)* |

»Die Viermastbark ‚Pamir', ein frachtfahrendes Segelschulschiff, ist am 21. September 1957 gegen 16 Uhr MGZ im Atlantik auf Position 35° 57' N und 40° 20' W etwa 600 Seemeilen westsüdwestlich der Azoren, bei schwerem Nordnordoststurm im Sturmfeld eines tropischen Orkans gekentert und gesunken.« So nüchtern fasste das Seeamt Lübeck in seinem Spruch im Januar 1958 den Untergang der Viermastbark »Pamir« zusammen. Die Experten nannten vier Ursachen für den Verlust des Schiffes: falsche Segelführung, nicht geflutete Tieftanks, übergehende Ladung und starke Wassereinbrüche in den Aufbauten.
Die Notrufe der in Seenot geratenen Viermastbark, lösten damals eine der umfangreichsten Rettungsaktionen der Seefahrtsgeschichte aus. Über 60 Schiffe aus 13 Nationen beteiligten sich an der Suche nach Überlebenden. Am 23. September fand der amerikanische Dampfer »Saxon« fünf Seeleute in einem schwer beschädigten Rettungsboot. Einen Tag später barg der US Coast Guard Cutter »Absecon« einen weiteren Überlebenden. Die übrigen 80 Mann der Besatzung kamen ums Leben.

*01 Die* ***Viermastbark*** *»Pamir« unter finnischer Flagge und mit voller Besegelung.*

*02 Die Viermastbark »Pamir« lief am 29. Juli 1905 bei der Hamburger Werft* ***Blohm+Voss vom Stapel****.*
*(3 Fotos: Archiv Autor)*

02

03

04

03 *Die Viermastbark »Pamir« unter finnischer Flagge und mit voller Besegelung.*

04 *Die Abbildung zeigt die Viermastbark* ***»Pamir«*** *Anfang 1953 im Hamburger Hafen. (Foto: Peter Kuley / CC-BY-SA 3.0)*

Gebaut wurde die Viermastbark »Pamir« auf der Werft Blohm+Voss in Hamburg, wo sie am 29. Juli 1905 vom Stapel lief. Schon am 18. Oktober verließ der Segler mit 4800 Kubikmeter Stückgut und 900 Tonnen sonstiger Ladung unter der Flagge der Hamburger Reederei F. Laeisz Hamburg in Richtung Chile. Auf der Rückreise transportierte der Flying P-Liner, wie damals bei den Segelschiffen allgemein üblich, Salpeter.

Bis zu Beginn des Ersten Weltkriegs blieb die »Pamir« in diesem Fahrtgebiet tätig. Auf ihrer Rückreise im September 1914 erfuhr das Schiff vom Kriegsausbruch und steuerte die Kanarischen Inseln an. Dort blieb es bis 1920 auf Reede liegen. Als Kriegsbeute musste die Viermastbark 1921 an Italien ausgeliefert werden. Es gelang jedoch der Reederei die »Pamir« 1924 wieder zurückzukaufen und unter eigener Flagge erneut zur südamerikanischen Westküste in Fahrt zu bringen.

Doch die Zeit der Segelschiffe war vorüber. Das Schiff rechnete sich nicht mehr, und die Viermastbark wurde 1931 an den finnischen Reeder Gustaf Erikson verkauft. Dieser betrieb immer noch ausschließlich Segelschiffe und setzte diese in der Weizenfahrt von Australien nach Europa ein. Im Jahre 1940 verließ die »Pamir« Göteborg in Richtung Australien. Nach dem Kriegseintritt von Finnland auf Seiten des Deutschen Reichs wurde das Schiff in Neuseeland beschlagnahmt und in Folge unter neuseeländischer Flagge im Pazifik zu Transportaufgaben eingesetzt. Alliierter Schiffsraum war nämlich knapp geworden, sodass auch ein Segelschiff wieder gefragt war.

Am 27. September 1948 gab Neuseeland die Viermastbark »Pamir« an ihren finnischen Eigentümer zurück. Der Reederei gelang es noch einmal einen Auftrag für Getreideladungen nach Europa zu bekommen. In dem daraufhin mit weiteren Seglern ausgetragenen Weizenrennen, das letzte in der Geschichte der australischen Weizenfahrt, umrundete im Sommer 1949 die mit 60.000 Sack Weizen beladene »Pamir« zum letzten Mal ein Frachtsegler das berühmt berüchtigte Kap Hoorn an der Südspitze von Südamerika.

Nach dieser Getreidefahrt verkaufte die Reederei Erikson die Viermastbark an eine belgische Abwrackwerft. Im März 1951 wurde sie nach Antwerpen geschleppt. Doch das Schicksal meinte es noch einmal gut mit dem Großsegler. Der Lübecker Reeder Heinz Schliewen konnte ihn zusammen mit der Viermastbark »Passat« noch kurz vor dem Abwracken kaufen und vor den Schneidbrennern retten. Bis Ende 1951 wurde der Flying P-Liner zum Schulschiff umgebaut, erhielt dabei auch einen Hilfsmotor und machte 1952 seine erste Reise als frachtfahrendes Segelschulschiff.

05

06

05 **Die Farbe hat im Seebetrieb schwer gelitten**. *Der Anstrich wird wieder auf Vordermann gebracht. (Foto: Wikipedia / CC-BY-SA 2.0)*

06 *Ein Blick in die mächtige* **Takelage** *der »Pamir«. (Foto: Wikipedia / CC-BY-SA 2.0)*

07 *Das stark beschädigte* **Rettungsboot Nr. 2** *der Viermastbark »Pamir« erinnert in der Lübecker Kirche St. Jakobi an den tragischen Untergang des Schiffes. Im Hintergrund ist ein Modell des Segelschiffs zu sehen. (Foto: Hans Karr)*

Die Reederei ging jedoch in die Insolvenz. Die »Pamir« wurde gepfändet. Ein Konsortium von 40 Reedern gründete daraufhin die »Stiftung Pamir und Passat« und betrieb beide Segler als Schulschiffe in der Südamerikafahrt, allerdings zur Ostküste und ohne Kap Hoorn Umrundungen. Mit dem oben geschilderten tragischen Ende der Viermastbark »Pamir« auf ihrer sechsten Reise unter der Eignerschaft der Stiftung endete in Deutschland der Versuch weiterhin Großsegler für die Ausbildung von Seeleuten der Handelsmarine zu betreiben. Auch die »Passat« musste in Folge des Unglücks die Segel streichen, ging außer Fahrt und liegt heute in Lübeck-Travemünde als Museumsschiff an der Pier.

An die Viermastbark »Pamir« erinnern nur noch wenige Gegenstände, die nach dem Untergang geborgen wurden. So unter anderem das Rettungsboot Nr. 2, das in der Lübecker Kirche St. Jakobi aufgestellt ist.

07

# Nutzung der Windenergie auf Motorschiffen

01

Mitte des 19. Jahrhunderts begannen die Dampfschiffe erst allmählich und zögerlich und dann in einem immer mehr an Fahrt aufnehmenden Prozess die seit Jahrtausenden in der der Seefahrt genutzten Segelschiffe abzulösen. Ein letztes Aufbäumen der Segler mit den in der Segeltechnik und in der Formgebung des Schiffsrumpfes hoch entwickelten und sehr schnellen Klipper währte in der zweiten Hälfte des 19. Jahrhunderts nur eine kurze Zeitspanne von wenigen Jahrzehnten.

Ebenso verhielt es sich mit den gegen Endes 19. Jahrhunderts in Fahrt gekommenen Großsegler wie sie zum Beispiel – aber nicht nur – die deutsche Reederei F. Laeisz betrieb. Auch bei ihnen waren schnelle Reisen an der Tagesordnung. Die damals noch langsamen Dampfer konnten sowohl in der Geschwindigkeit wie auch bei der Frachtzuladung nicht mithalten. Aber auch diese Zeit war in den 1930er-Jahren endgültig zu Ende.

Was nicht zu Ende war, war der Wunsch die Kraft des kostenlosen Windes weiterhin zu nutzen und für die Dampf- bzw. Motorschiffen verfügbar zu machen. Schon in den 1920er-Jahren gab es mit dem Flettner-Rotor eine erste technische Lösung. In unseren Tagen erlebt diese Technik eine Renaissance. Mit dem Flügelsegel wird auch in einer besonderen Form das Segel als Antriebsmittel wieder neu entdeckt. Das aus der Sportwelt abgeleitete Zugdrachensystem ist eine weitere Variante, um sich die Windkraft wieder nutzbar zu machen.

## FLETTNER-ROTOR

Der Magnus-Effekt ist ein physikalisches Phänomen der Strömungsmechanik, bei dem der auf einem rotierenden Zylinder auftreffende Wind eine Vorwärtskraft erzeugt. Für dessen Nutzung als Antrieb von Schiffen ließ der Ingenieur Anton Flettner einen Schoner umbauen. Das mit 455 BRT vermessenen und 51 Meter langen Schiff erhielt den Namen »Buckau«. Es war mit einem Hilfsmotor von 220 PS und zwei zylindrischen Rotoren, die nach dem Patentinhaber als Flettner-Rotoren bezeichnet werden, ausgerüstet. Diese hatten einen Durchmesser von 2,80 Meter und eine Höhe von 15,60 Meter sowie zum Drehen einen diesel-elektrischen Antrieb. Erste Versuchsfahrten fanden 1924/1925 statt. Mit Propeller und Rotoren erreichte die

*01 Frachtschiff mit Flettner-Rotoren* **»Buckau«**. *(Foto: Archiv Autor)*

*02 Frachtschiff mit Flettner-Rotoren* **»Barbara«**. *(Foto: Archiv Autor)*

*03* **Magnus-Effekt**: *Die Luftströmung V um den rechtsdrehenden Zylinder besitzt aufgrund von Druckdifferenzen unterschiedliche Geschwindigkeiten. Auf der rechten Seite entsteht ein Unterdruck, wodurch der Zylinder eine Kraft F in diese Richtung erfährt. (Foto: Bartosz Kosiorek / CC-BY-SA 3.0)*

*02*

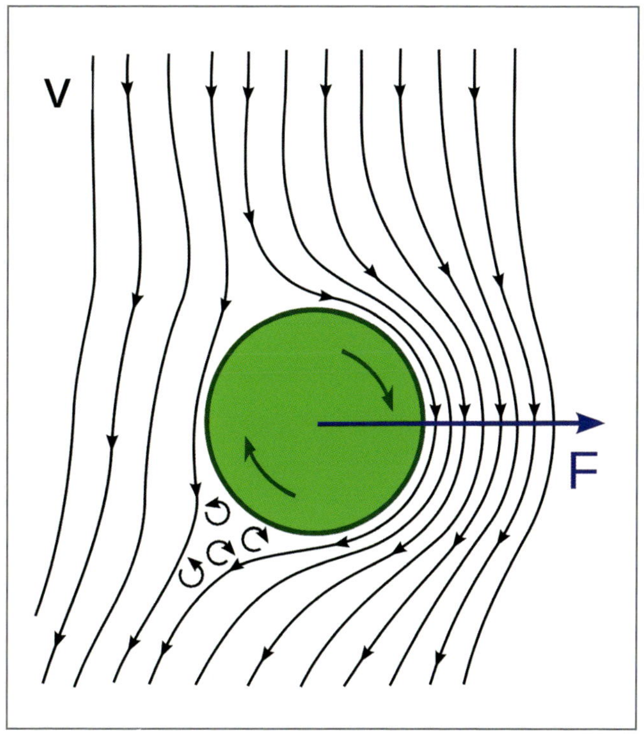


*03*

04

»Buckau« eine Geschwindigkeit von 9,6 Knoten, nach anderer Quelle elf Knoten. Im Februar 1925 führte das Schiff eine Frachtfahrt mit Holzladung von Danzig nach England durch, auf der es sich bewährte. Im März 1926 wurde die »Buckau« in »Baden-Baden« umbenannt, besuchte dann im Mai 1926 New York und anschließend die Weltausstellung in Philadelphia, wo sie jeweils große Aufmerksamkeit erregte. In den folgenden Jahren kam es zu mehreren Besitzerwechseln. Die zuletzt in Panama registrierte »Baden-Baden« ex »Buckau« soll 1934 in einem Sturm vor dem Cap Hatteras verloren gegangen sein.

Das zweite mit Flettner-Rotoren ausgerüstete Schiff war die mit 2977 BRT vermessene und 86,75 Meter lange »Barbara«. Sie besaß zwei Dieselmotoren mit jeweils 530 PS Leistung und drei Flettner-Rotoren mit einem Durchmesser von 3,90 Meter und einer Höhe von 17 Meter. Mit beiden Antriebssystemen konnte die »Barbara« bis zu 13 Knoten an Geschwindigkeit erreichen. Das Schiff kam im Mittelmeerdienst als Frachter zum Einsatz. Die »Barbara« wurde 1933 zum reinen Schraubenschiff zurückgebaut, wechselte in Folge mehrmals sowohl den Besitzer und als auch den Namen und fuhr ab 1967 in Saudi-Arabien als »Star of Riyadh«. Der weitere Verbleib des Schiffes ist dem Autor nicht bekannt.

Trotz der guten Ergebnisse im Betrieb beider Schiffe konnte sich der Flettner-Rotor als zusätzlicher Schiffsantrieb damals nicht durchsetzen. Mit dem »E-Ship 1« kam im Jahr 2010 erstmals wieder ein weiteres großes Handelsschiff mit Flettner-Rotoren in Fahrt. Betreiber ist der deutsche Windradhersteller Enercon, der mit dem innovativen Schiff die Windräder des Unternehmens in alle Welt ausliefert. Die »E-Ship 1« hat neben ihrem diesel-elektrischen Hauptantrieb vier Flettner-Rotoren. Diese haben einen Durchmesser von 4 Metern und eine Höhe von 27 Metern. Die Treibstoffersparnis soll bis zu 25 Prozent betragen.
Bis 2020 kamen noch mehrere große Frachter und Fähren, die sich mit Hilfe der Flettner-Rotoren den Magnus-Effekt nutzbar machen, in Fahrt. Sie alle vorzustellen ist aus Platzgründen nicht möglich. Abschließend sei aber noch auf den im Sommer 2020 von der in Göteburg ansässigen schwedischen Tankschiffreederei Stena Bulk vorgestellten Entwurf eines Produkten- und Chemikalientankers mit Flettner-Rotoren hingewiesen, der in naher Zukunft gebaut werden soll. Man erhofft sich mit der als IMOFlexMAX bezeichneten Entwicklung im Vergleich zu herkömmlichen Produkttankern eine Emissionseinsparung bei den Treibhausgasen von mindestens 25 Prozent. Zusätzlich vorhandene Solarzellen sind als weitere Energiequelle an Bord vorgesehen. Zum problemlosen Passieren von Brücken sind die beiden Flettner-Rotoren des für die weltweite Fahrt geplanten Schiffes klappbar ausgelegt.

*04 Frachtschiff mit* ***Flettner-Rotoren »E-Ship 1«****. (Foto: Alan Jamieson / CC-BY-SA 2.0)*

*05 Der Schiffsentwurf des Produkt- und Chemiekalientankrs vom* ***IMOFlexMAX****. Die farbliche Kennzeichnung auf der Computer-Animation lässt darauf schließen, dass die Oberflächen der Zylinder mit Solarzellen bestückt sind. (Foto: Stena Bulk)*

*06 Die Flettner-Rotoren auf dem Produkt- und Chemiekalientanker des* ***IMOFlexMAX-****Entwurfs sind klappbar. (Foto: Stena Bulk)*

*05*

*06*

07

## FLÜGELSEGEL

Starre Flügelsysteme in den unterschiedlichsten technischen Ausführungen sind schon seit den 1970er-Jahren – insbesondere als Folge der damaligen Ölkrise – immer mal wieder projektiert worden, um den kostenlos verfügbaren Wind als zusätzliche Antriebskraft und damit zur Energieeinsparung auf Motorschiffen nutzen zu können. Mit Ausnahme von Prototypen haben sich diese Flügelsegel aber nicht durchgesetzt. Seit einigen Jahren werden sie jedoch wieder neu bei Schiffsentwürfen vorgestellt. Hierzu zwei Beispiele von Ideen, um künftig auf diese Weise die Windkraft zu nutzen und dadurch den Kraftstoffverbrauch der Schiffe sowie die Emissionen zu senken.

Die schwedische Reederei Wallenius Wilhelmsen, Marktführer in der internationalen Fahrzeuglogistik und einer der Großen in der RoRo-Schifffahrt, hat im September 2020 mit ihrem Projekt OCEANBIRD eine solche Möglichkeit aufgezeigt. Unter dem Namen »Orcelle Wind« soll ein rein vom Wind angetriebener und 220 Meter langer Autotransporter mit einer Transportkapazität von bis zu 7000 Fahrzeugen gebaut werden.

Ende 2026/Anfang 2027 soll das futuristisch aussehende Schiff in Fahrt kommen und ist dann weltweit das größte je gebaute Segelschiff. An Geschwindigkeit wird die »Orcelle Wind« unter Segeln zehn bis zwölf Knoten erreichen. Für ein sicheres Manövrieren in engen Gewässern und Häfen kommt ein Hilfsantrieb an Bord.

Die aus Kompositwerkstoff hergestellten Flügelsegel haben eine ausgefeilte aerodynamische Formgebung und sind teleskopartig verschiebbar sowie um 360 Grad drehbar.

Ein weiteres Konzept für die Nutzung von Flügelsegel hat die schon im Abschnitt Flettner-Rotor erwähnte schwedische Reederei Stena Bulk entwickelt. Hierbei handelt es sich um den modularen, kohlenstofffrei angetriebenen Massengutfrachter für flüssige und trockene Massengüter mit dem Projektnamen InfinityMAX.

Hinsichtlich der Energiegewinnung geht das Projekt InfinityMAX vollkommen neue Wege. Wasserstoff ist die Primärenergie, die durch Windturbinen und Solarzellen ergänzt wird. Den aus Gondelpropeller bestehenden elektrische Antrieb des Schiffes, das aus einer unterschiedlichen Anzahl von Modulen zusammengesetzt werden kann, unterstützen zwei Flügelsegel. Beachtenswert ist, dass diese um 360 Grad drehbaren Flügelsegel teleskopartig bis in den Schiffsrumpf versenkt werden können. Seitens der Reederei geht man davon aus, dass ihr Entwurf zwischen 2030 und 2035 in ein konkretes Bauvorhaben umgesetzt werden kann.

08

09

10

*07/08 Als Autotransporter unter Segeln ist das Projekt* **OCEANBIRD** *bei der schwedischen Reederei Wallenius Wilhelmsen in der Planung. Mit der »Orcelle Wind« soll das erste Schiff dieses Projektes im Jahr 2025 in Fahrt kommen. (Fotos: Wallenius)*

*09 Unter dem Projektnamen* **InfinityMAX** *verfolgt die schwedische Reederei Stena Bulk die Entwicklung eines modularen Massengutfrachters, der mit Windturbinen, Solarzellen und einziehbaren Flügelsegel ausgerüstet werden soll. ( 2 Fotos: Stena Bulk)*

*10 Die Flügelsegel sind bei* **InfinityMAX** *bis in den Schiffsrumpf teleskopartig einfahrbar.*

11

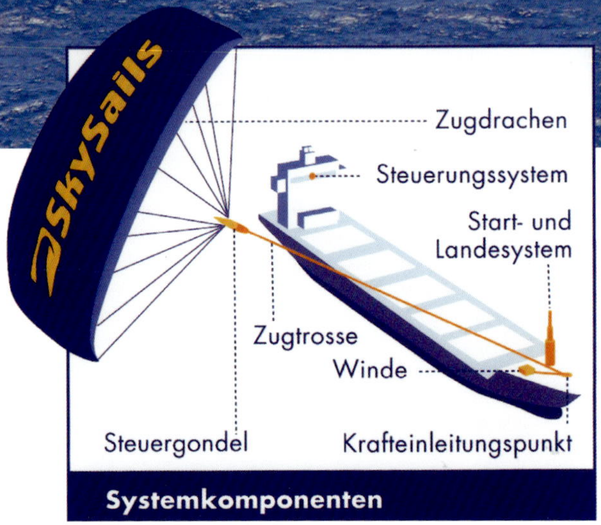


12

11 *Die* **»Beluga Skysails«** *war der erste Frachter, der mit dem Zugdrachen SkySails auf Große Fahrt ging. (3 Fotos: SkySails)*

12 *Die Systemkomponenten und die Funktionsweise des* **Zugdrachensystems SkySails**.

13 *Auf dem ehemaligen Tonnenleger* **»Beaufort«** *wurde der* **Zugdrachen SkySails** *erprobt.*

# ZUGDRACHEN

Das international zum Patent angemeldete Zugdrachensystem SkySails des 2001 gegründeten Hamburger Unternehmens SkySails Group besteht aus den drei Hauptkomponenten:

- einem Zugdrachen mit Seil,
- einem Start- und Landesystem und
- einem Steuerungssystem für den vollautomatischen Betrieb in Form einer direkt unter dem Drachen angebrachten Steuergondel.

SkySails wird auf hoher See ergänzend zum vorhandenen Antrieb eingesetzt. Nicht nur Vorwindkurse, sondern auch Kurse bis zu 50 Grad am Wind können gefahren werden. Hinsichtlich der Windgeschwindigkeiten ist SkySails auf Windstärken von drei bis acht Beaufort ausgelegt. Bis 10 Beaufort kann das System jedoch problemlos verkraften. Für alle Windstärken wird der gleiche Zugdrachen verwendet.

13

Als zusätzlicher Windantrieb ist SkySails auf nahezu allen Schiffen verwendbar. Die Schiffsgröße spielt dabei keine Rolle. Mit der innovativen technischen Lösung des Zugdrachens lässt sich die unerschöpfliche Energie des Windes wirtschaftlich nutzen und gleichzeitig die Umwelt schonen. Durch den Einsatz können die Treibstoffkosten eines Schiffes im Jahresdurchschnitt, abhängig von den Windverhältnissen, zwischen 10 und 35 Prozent gesenkt werden.

Der gefesselt fliegende Zugdrachen – für Frachtschiffe werden Größen von 150 bis 600 Quadratmeter angeboten – wird in einer Höhe von 100 bis 500 Meter eingesetzt. Hier herrschen in der Regel stärkere und stetigere Winde vor, was zu einer größeren Energieausbeute beiträgt. Desweiteren wird der Zugdrachen dynamisch geflogen. Das heißt: Das automatische Steuerungssystem lässt ihn in Form einer liegenden Acht vor dem Schiff fliegen. Mit Hilfe der dadurch entstehenden höheren Windgeschwindigkeit am Zugdrachen wird die Zugkraft zusätzlich gesteigert. Im Seegang wirkt SkySails aufgrund der Auftriebskräfte des Zugdrachens wie ein Dämpfer, der ein sanfteres Einsetzen des Schiffsrumpfes in die Wellen bewirkt. Die Zugkräfte werden über ein hochreißfestes Kunststoffseil auf das Schiff übertragen.

SkySails wurde zunächst auf verschiedenen Schiffen in der Nord- und Ostsee getestet. Mit einem nur 80 Quadratmeter großer Zugdrachen ausgerüstet erreichte zum Beispiel in der letzten Testphase die »Beaufort«, ein ehemaliger bundeseigener knapp 800 Tonnen großer Tonnenleger, bei geringen Windstärken und ohne zusätzlichen Maschinenantrieb Geschwindigkeiten von bis zu fünf Knoten.

Der erste mit dem SkySails ausgerüstete und im regulären Liniendienst fahrende Frachter wurde am 15. Dezember 2007 in Hamburg auf den Namen »Beluga Skysails« getauft. Bereits im Januar 2008 ging das Schiff mit dem Zugdrachen auf Jungfernreise, die es nach Venezuela und in die USA führte. Weitere Frachtschiffe haben zwischenzeitlich ebenfalls den Zugdrachen von SkySails eingebaut bekommen. Auch international bieten mittlerweile weitere Firmen das System Zugdrachen als Zusatzantrieb für Motorschiffe an.

# Glossar

**Achtermast** | der vor dem Kreuzmast stehende Mast eines Vier- oder Fünfmastvollschiffes
**Ankerspill** | Winde mit senkrechter Achse zum Hieven der Ankerkette, dies erfolgte auf Segelschiffen mit den Spaken im Handbetrieb, in späterer Zeit auch im Dampfbetrieb
**aufgeien** | mit Hilfe der Geitaue das Tuch der Rahsegel an die Rah zusammenholen
**aufliegen** | vorübergehendes Stilllegen eines Schiffes

**Back** | vorderer, von Seite zu Seite reichender Aufbau
**Backbord** | die linke Seite eines Schiffes
**backstehende Segel** | bei von vorne kommendem Wind an den Mast und an die Rahen angepresste Segel
**Bark** | dreimastiges Segelschiff mit zwei rahgetakelten Masten (Fockmast, Großmast) und Besanmast, häufig auch als Dreimastbark bezeichnet, was aber im Hinblick auf die Definition »dreimastiges Segelschiff« keinen Sinn macht
**Barkentine** | auch Schonerbark oder Barkschoner, eine Zwischenform aus Bark und Dreimastschoner, der vordere der drei Masten ist rahgetakelt
**Barkschoner** | siehe Barkentine
**Baum** | jede Art von Rundholz
**Beaufort-Skala** | eine von dem englischen Admiral Beaufort festgelegte Abstufung der verschiedenen Windstärken und des Seegangs
**Belegen** | eine Trosse oder Leine ohne Knoten an einem Poller oder einer Klampe festmachen
**Belegnagel** | ein hölzerner oder metallener Dorn, der durch die Nagelbank gesteckt wird und der Befestigung des laufenden Gutes dient
**Besanmast** | der hintere nur mit Schratsegel getakelte Mast
**Besansegel** | das hintere Schratsegel auf allen Schiffen mit mehreren Masten, oft unterteilt in Besantoppsegel, Oberbesan und Unterbesan
**Besantoppsegel** | siehe Besansegel
**Block** | Gehäuse mit einer oder mehreren Seilscheiben zur Verringerung des Kraftaufwandes
**Bramsaling** | zweite Saling von unten
**Bramsegel** | das Segel an der Bramstenge, oft unterteilt in Unterbramsegel und Oberbramsegel
**Bramstenge** | zweite Stenge von unten
**brassen** | das seitliche Herumholen der Rahen mit Hilfe der Brassen
**Brassen** | an den Rahnocken angreifende Taue zum seitlichen Drehen der Rahen
**Brasswinde** | auch Brasswinsch, Winde mit deren Hilfe mehrere Rahen unter Krafteinsparung gleichzeitig gebrasst werden können
**Brasswinsch** | siehe Brasswinde
**Brigg** | zweimastiges Segelschiff mit ausschließlich rahgetakelten Masten (Fockmast, Großmast)
**Brigantine** | auch Schonerbrigg, zweimastiges Segelschiff mit rahgetakeltem Fockmast und einem Besanmast
**BRT** | Abkürzung für Bruttoregistertonne
**Bruttoraumzahl** | siehe Bruttoregistertonne
**Bruttoregistertonne** | Raummaß bei der Schiffsvermessung, Gesamtinhalt des Schiffsraums unter dem Hauptdeck sowie der von Bord zu Bord reichenden Aufbauten, heute durch die Bruttoraumzahl ersetzt
**BRZ** | Abkürzung für Bruttoraumzahl
**Bug** | das vordere Ende eines Schiffes
**Bugspriet** | eine starke und fest mit dem Bug eines Segelschiffes verbundene Spiere, die als Unterlage und Führung für den Klüverbaum dient

**Etmal** | die in einem astronomischen Tag, das heißt von 12:00 Uhr mittags bis 12:00 mittags des Folgetages, zurückgelegte Distanz in Seemeilen

**Feuer** | seemännische Bezeichnung für jede Art eines festen Lichtträgers
**Feuerschiff** | Seezeichen in Form eines auf fester Position vor Anker liegenden Schiffes, das mit einem Leuchtfeuer ausgerüstet ist
**fieren** | das Herunterlassen eines Gegenstandes
**Flying P-Liner** | die schnellen legendären Rahsegler der Hamburger Reederei F. Laeisz, deren Schiffsname immer mit dem Buchstaben »P« begann
**Fock** | das untere Rahsegel am Fockmast
**Fockmast** | der erste Mast von vorne
**Fünfmastbark** | fünfmastiges Segelschiff mit vier rahgetakelten Masten (Fockmast, Großmast, Mittelmast, Kreuzmast) und Besanmast
**Fünfmastvollschiff** | fünfmastiges Segelschiff mit ausschließlich rahgetakelten Masten (Fockmast, Großmast, Mittelmast, Achtermast, Kreuzmast)

**Gaffel** | die obere Spiere eines Gaffelsegels
**Gaffelsegel** | an einer Gaffel befestigtes Segel
**Gaffelschoner** | siehe Schoner
**Galion** | Verstärkung am Bug eines Schiffes
**Galionsfigur** | in der Regel eine geschnitzte und symbolische Verzierung des Galions bzw. des Buges
**Gangspill** | an Deck stehende sich um die senkrechte Achse drehende Winde zum Holen und Fieren
**Geitau** | siehe aufgeien
**Geschützpforten** | siehe Stückpforten
**Großmast** | der zweite Mast von vorne
**Großsegel** | das untere Rahsegel am Großmast
**Gut** | die Gesamtheit des Tauwerks, man unterscheidet laufendes (= bewegliches) und stehendes (= festes) Gut

**Hanse** | im Mittelalter bestehender Städte- und Kaufmannsverbund mit Handelsschwerpunkt in der Nord- und Ostsee
**Havarie** | Seeschaden, Zusammenstoß mit einem anderen Schiff, Grundberührung
**Heck** | das hintere Ende eines Schiffes
**heißen** | hochziehen
**hieven** | das Anheben einer Last mit Hilfe von Tauen und Taljen
**holen** | einen Tampen zu sich heranziehen oder straff ziehen (durchholen)
**Hulk** | koggeähnliches Segelschiff der Hansezeit, später auch die Bezeichnung für ein abgetakeltes altes Schiff, dessen Rumpf als Lagerraum oder für andere Zwecke weiter genutzt wird, Beispiele: Kohlehulk, Wohnhulk

**Kadett** | ein in der Ausbildung befindlicher Seemann an Bord eines Schulschiffes der Handels- oder Kriegsmarine
**Kiel** | Rückgrat des Schiffsrumpfes
**Klampe** | eine einfache Vorrichtung aus Holz oder Metall, um daran Tauwerk belegen zu können
**Klipper** | sehr schnelles Segelschiff des 19. Jahrhunderts, das extrem scharf gebaut war und eine große Segelfläche aufwies
**Klüverbaum** | nach vorne über den Bug hinausragende Spiere, an der die Vorsegel gefahren werden
**kn** | Abkürzung für Knoten
**Knoten** | Geschwindigkeitsangabe, 1 kn = 1 sm pro Stunde
**Kogge** | der vorherrschende Segelschiffstyp der Hansezeit
**Krängung** | die seitliche Neigung eines Schiffes
**Kreuzmast** | der dritte Mast eines Vollschiffes sowie bei vier- und fünfmastigen Segelschiffen der hinterste Mast mit Rahtakelung
**Kreuzsegel** | das untere Rahsegel am Kreuzmast

**Laeiszmast** | alternative Bezeichnung für den Mittelmast auf dem Fünfmastvollschiff »Preussen«
**laufendes Gut** | siehe Gut
**Leck** | eine Undichtigkeit am Schiffsrumpf
**Lee** | Leeseite, die dem Wind abgewandte Seite eines Schiffes
**Leesegel** | aus leichtem Segeltuch gefertigtes Segel, das bei leichtem Wind an der Leeseite mit Hilfe einer an der Rah befestigten verschiebbaren Spiere gesetzt wird
**Legel** | auch Lägel oder Lögel, eingespleißte Schlaufe oder ein entsprechend eingearbeiteter Ring aus Tauwerk am Liek eines Segels
**Leichter** | meist in Küstennähe gebrauchtes antriebsloses Schleppfahrzeug zum Warentransport, siehe auch Schute
**Leine** | Tauwerk von mittlerem bis geringem Umfang für die verschiedensten Anwendungsbereiche
**Leuchtfeuer** | ein mit besonderer Charakteristik an Land aufgestelltes oder auf einem Feuerschiff eingebautes Feuer
**Liek** | Verstärkung eines Segels an den Kanten mit Tauwerk
**Luv** | Luvseite, die dem Wind zugewandte Seite eines Schiffes

**Marssaling** | erste Saling von unten
**Marssegel** | das Segel an der Marsstenge, in der Regel unterteilt in Untermarssegel und Obermarssegel
**Marssegelschoner** | siehe Toppsegelschoner
**Marsstenge** | erste Stenge von unten
**Mast** | senkrecht stehender Grundstock der gesamten Takellage
**Mittelmast** | auf fünfmastigen Segelschiffen der dritte Mast von vorne

**Nagelbank** | bankartige Vorrichtung aus Holz oder Metall an die das laufende Gut geführt wird, um dort mit Belegnägel festgesetzt zu werden
**Nettoraumzahl** | siehe Nettoregistertonne
**Nettoregistertonne** | Raummaß bei der Schiffsvermessung, umfasst den nutzbaren Schiffsraum für die Ladung und die Passagiere, heute durch die Nettoraumzahl ersetzt
**niederholen** | herunterziehen
**Nock** | das Ende einer Spiere, z. B.: Rahnock, Gaffelnock, Ausnahme: die Mastnock heißt Topp
**NRT** | Abkürzung für Nettoregistertonne
**NRZ** | Abkürzung für Nettoraumzahl

**Oberbesan** | siehe Besansegel
**Oberbramsegel** | das fünfte Rahsegel von unten
**Obermarssegel** | das dritte Rahsegel von unten
**Ostindienfahrer** | hauptsächlich in England und Holland speziell für die Ostindienfahrt gebaute dreimastige,

bewaffnete Handelsschiffe mit großer Ladefähigkeit wie sie von den privilegierten Ostindischen Kompanien im 16. und 17. Jahrhundert eingesetzt wurden
**Ostindische Kompanie** | in mehreren europäischen Nationen bestehende Gesellschaften, die für den Handel mit Indien und China sowie mit den sogenannten in Südostasien gelegenen Gewürzinseln privilegiert waren.

**Planke** | Brett, das Einzelteil der Beplankung an Deck
**pöhnen** | auch pönen, anmalen, gelegentlich auch schreiben
**Poller** | kurzer runder Pfosten an Oberdeck oder an Land zum Belegen der Trossen und Leinen beim Vertäuen des Schiffes
**Poop** | der hintere von Seite zu Seite reichender Aufbau eines Schiffes, erhöht die Seetüchtigkeit bei achterlicher See und bietet zusätzlichen Raum für Unterkünfte

**Rah** | auch Raa oder Rahe, eine waagrechte, drehbare Spiere, die mittig am Mast aufgehängt ist
**Rahschoner** | siehe Toppsegelschoner
**Rahsegel** | an einer Rah befestigtes Segel
**Rattenblech** | auch Rattenabweiser, zum Schiff hin konisch geformte und auf den Festmacherleinen aufgestecktes Blech, das von den Ratten nicht überwunden werden kann, wenn sie an Bord klettern wollen
**reffen** | verkleinern der Segelfläche
**Rigg** | siehe Takelage
**Royalsegel** | auch Reuelsegel, das über dem Bramsegel bzw. Oberbramsegel angeordnete Segel

**Saling** | eine Art Balkon im Mast auf dem die Stengen ruhen und der gleichzeitig die oberen Wanten ausspreizt
**Schiffstaufe** | zeremoniell beim Stapellauf, bei dem eine Sektflasche am Bug zerschlagen wird und der Schiffsname offiziell bekannt gegeben wird
**Schoner** | auch Gaffelschoner, ein zweimastiges Segelschiff mit Gaffeltakelung
**Schonerbark** | siehe Barkentine
**Schonerbrigg** | siehe Brigantine
**Schott** | eine wasserdichte Wand im Innern eines Schiffes
**Schratsegel** | Sammelbezeichnung aller Segel, die nicht an einer Rah gefahren werden und längsschiffs stehen
**Schute** | für den Hafenbetrieb gebrauchtes antriebsloses Schleppfahrzeug zum Warentransport, siehe auch Leichter
**Seegang** | die durch den Wind verursachte bewegte Oberfläche der See
**Seemeile** | Längenmaß, entspricht einer Winkelminute des Erdumfangs am Äquator, 1 sm = 40.000 km : 21.600 = 1,852 km
**Seetörn** | die Stunden, Tage oder Wochen, in denen ein Schiff auf See gewesen ist
**Segel** | starkes Tuch das zur Vorwärtsbewegung eines Segelschiffes dient
**Skysegel** | das über dem Royalsegel angeordnete Rahsegel
**sm** | Abkürzung für Seemeile
**Spake** | in eine Winde einsetzbare Speiche zum Drehen einer Winde im Handbetrieb
**Spiere** | jede Art von Rundholz außer Masten und Stengen, Beispiele für Spieren in der Takelage sind Rah, Gaffel und Baum
**Spill** | Winde an Deck mit meist senkrechter Achse
**Stag** | stehendes Gut, zur Absicherung des Mastes in Schiffslängsrichtung
**Stagsegel** | ein dreieckiges Segel, das mit den Stagen durch Legel verbunden ist
**Stapellauf** | das mit der Schiffstaufe verbundene Zuwasserlassen eines Schiffes
**stauen** | das Einpacken und Standfestmachen einer Ladung in den Laderäumen
**stehendes Gut** | siehe Gut
**Stenge** | die fierbare Verlängerung des Mastes, große Segler fahren zwei Stengen, die Mars- und die Bramstenge
**Steuerbord** | die rechte Seite eines Schiffes
**Sückpforten** | auch Geschützpforten, die verschließbaren Öffnungen in der Bordwand von Kriegsschiffen, durch die im Schiffsinneren aufgestellte Kanonen, die Stücke, hindurchfeuern können

**t** | Abkürzung für Tonne
**Takelage** | auch Rigg, die unverwechselbare Anordnung der Masten, Spieren und Segel, umfasst alles was zur Betakelung eines Schiffes gehört
**Takelung** | die Art der auf einem Segelschiff angebrachten Takelage
**Talje** | Flaschenzug aus einem oder mehreren Blöcken
**Tampen** | das Ende eines Stück Taues
**Tau** | auch Leine oder Trosse
**Tiefgang** | Maß vom Kiel des Schiffes bis zur Höhe des Wasserspiegels
**Tonne** | Gewichtsmaß und Verdrängungsangabe für Schiffe
**Topp** | das obere Ende eines Mastes, auch als Bezeichnung für den ganzen getakelten Mast benutzt, Beispiele: Vortopp = Fockmast, Großtopp = Großmast
**Toppsegelschoner** | auch Marssegelschoner oder Rahschoner, ein Schoner an dessen Fockmast an Stelle des oberen Gaffelsegels Rahsegel vorhanden sind
**Trainee** | ein zahlender Gast und Mitsegler auf einem Segelschiff, der unter Anleitung der Stammbesatzung an Bord mitarbeitet und dabei eine seemännische Ausbildung erhält
**trimmen** | das Hinbringen eines Schiffes in den optimalen Schwimmzustand (Ladung trimmen, Kohle trimmen, Segel trimmen)
**Trosse** | starke Leine zum Festmachen oder Schleppen eines Schiffes

**übertakelt** | ein Schiff gilt als übertakelt, wenn es eine Takelage führt, die für seine Größe, Stabilirät und Sicherheit zu groß ist, wenn es also mäßigen Wind nicht vertragen kann, ohne stark gekrängt zu werden
**Unterbesan** | siehe Besansegel
**Unterbramsegel** | das vierte Rahsegel von unten
**Untermarssegel** | das zweite Rahsegel von unten

**Verdrängung** | diejenige Wassermenge, die das schwimmende Schiff verdrängt, das Gewicht dieser Wassermenge ist das Gewicht des Schiffes (Archimedisches Prinzip), Maßeinheit ist die Tonne
**Vermessung** | Bestimmung der Schiffsgröße nach dem Rauminhalt, Maßeinheiten sind Brutto- und Nettoregistertonne
**vertäuen** | das Festmachen eines Schiffes durch Trossen oder Leinen
**Viermastbark** | viermastiges Segelschiff mit drei rahgetakelten Masten (Fockmast, Großmast, Kreuzmast) und Besanmast
**Vollschiff** | dreimastiges Segelschiff mit ausschließlich rahgetakelten Masten (Fockmast, Großmast, Kreuzmast), häufig auch als Dreimastvollschiff bezeichnet, was aber Hinblick auf die Definition »dreimastiges Segelschiff« keinen Sinn macht

**Want** | Drahttauwerk zur seitlichen Absicherung des Mastes, zum Aufentern sind die Wanten mit Webleinen verbunden
**Webleine** | siehe Want
**Windstärke** | wird nach der Beaufort-Skala angegeben
**Winde** | auch Winsch, Vorrichtung zum Heben von Lasten, im Handbetrieb erfolgt das Drehen mit einer Spake, bei größeren Winden mit Dampf- oder Motorkraft
**Winsch** | siehe Winde

*Die »**Cisne Branco**« bei rauer See unter Sturmbesegelung. (Foto: Damen Shipyards)*

# Quellennachweis


Allen, Oliver E.
• Die Windjammer, Eltville, 1992

Batz, Michael
• SEA CLOUD SPIRIT – Eine Legende unserer Zeit, Hamburg, 2022

Beken of Cowes
• Segelschiffe der Welt, Hamburg, 1995

Böhm, Herbert
• Typenkompass Großsegler – Faszination unter Segeln, Stuttgart, 2009

Böhm, Herbert / Wiese, Eigel
• Windjammer – Die schönsten Großsegler der Welt, Köln, 2004

Bönisch, Otto
• Die deutschen Schulschiffe – 1818 bis heute, Hamburg, 1998

Brennecke, Jochen
• Tanker – Vom Petroleumklipper zum Supertanker, Herford, 1975
• Windjammer, Herford, 1968

Breyer, Siegfried / Nerlich, Reinhard
• Segelschulschiffe weltweit, Friedberg, 1989

Brockhage, Heino
• Kapitän Robert Hilgendorf – Sein Leben und Wirken auf frachtfahrenden Segelschiffen, Wiefelstede, 2015

Brustat-Naval, Fritz
• Windjammer auf großer Fahrt, Göttingen, 1973

Burmester, Heinz
• Segelschiffe rund Kap Hoorn, Oldenburg, 1976

Cucari, Attilio
• Segelschiffe – Die Königinnen der Meere – Geschichte und Typologie, München, o.J.

Domizlaff, Hans
• Das große Buch der PASSAT, Hamburg, 1980

Dudszus, Alfred / Henriot, Ernest / Krumrey, Friedrich
• Das große Buch der Schiffstypen Band 1, Stuttgart, 1990

Dudszus, Alfred / Köpcke, Alfred
• Das große Buch der Schiffstypen Band 2, Stuttgart, 1990

Eastland, Jonathan
• Nostalgie unter Segeln – Die faszinierende Welt der Großsegler, Stuttgart, 1990

Eichler, Curt W.
• Vom Bug zum Heck – Seemännisches Hand- und Wörterbuch, Bielefeld, 1964

Furrer, Hans Jörg
• Die Vier- und Fünfmast-Rahsegler der Welt, Herford, 1984

Gebauer, Jürgen / Krenz, Egon
• Marine Enzyklopädie, Berlin, 1994

Gibbons, Tony (Hrsg.)
• Die Welt der Schiffe – Von den Anfängen bis zur Gegenwart, München, 2007

Gondesen, Andreas
• Die letzten Flying P-Liner – PAMIR, PASSAT, ihre Schwestern und Halbschwestern der Baujahre 1902 bis 1926, Wiefelstede, 2010

Graham, Ian
• 50 Schiffe, die unsere Welt veränderten, Bern, 2018

Gretzschel, Matthias
• PEKING – Schicksal und Wiedergeburt eines legendären Hamburger Schiffes, Hamburg, 2020

Gröner, Erich
• Die deutschen Kriegsschiffe 1815–1945 Band 5, Koblenz, 1988

Grube, Frank / Richter, Gerhard (Hrsg.)
• Das große Buch der GORCH FOCK, Hamburg, 1981
• Das große Buch der Windjammer, Hamburg, 1983

Gulas, Stefan
• Segelschiffe, ohne Angabe, 1987

Hansen, Clas Broder
• Lexikon der Segelschiffstypen, Gräfelfingen, o. J.

Hansen, Clas Broder / Hansen, Hans Jürgen
• Alexander von Humboldt – Vom Feuerschiff zum Windjammer für die Jugend, Gräfelingen, 1988

Hansen, Clas Broder / Knuth, Peter
• Lexikon der Segelschiffstypen, Oldenburg, o. J.

Hintermeyer, Hellmut
• Die See war ihr Zuhause – Große Kapitäne und Entdecker, Stuttgart, 2000
• Schiffskatastrophen – Von der Spanischen Armada bis zum Untergang der »Pamir«, Stuttgart, 1998

Jung, Erhard
• Das große Maritim Lexikon, Königswinter, 2004

Kaack, Ulf
• Die GORCH FOCK und ihre Schwesterschiffe, München, 2012

Karr, Hans
• Die berühmtesten Schiffe des 20. Jahrhunderts, die man kennen muss, Stuttgart, 2018

Klingbeil, Peter
• Die Flying P-Liner – Die Segelschiffe der Reederei F. Laeisz, Hamburg, 1998

Koop, Gerhard
• Die deutschen Segelschulschiffe, Koblenz, 1989

Kozian , Walter A.
• Klipperschiffe und Schnellsegler, Hamburg, 2002

Lavery, Brian
• Schiffe – 5000 Jahre Seefahrt, München, 2005

Marquard, Wulf
• Die drei Leben der GORCH FOCK I – Legende unter Segeln, Erfurt, 2008

Maslyaev, Yuri
• Im Wind der Ozeane, Hamburg, 2005

Mudie, Max
• Tall Ships – A guide to sailing ships round the world, Cudham, 2015

Norden, Peter
• Die größte Parade der Windjammer, München, 1976

Peter, Karl H.
• Der Untergang der NIOBE – Was geschah im Fehmarn-Belt?, Herford, 1976

Prezelin, Bernard
• Flottes de Combat, Rennes, div. Jgg.

Puget, Olliver
• Windjammer der Welt, Hamburg, 1999

Risch, Helmut / Bertholdt, Jochen
• Windschiffe, Berlin, 1990

Scharnow, Ulrich
• Lexikon der Seefahrt, Berlin, 1976

Schäuffelen, Otmar
• Die letzten großen Segelschiffe, Bielefeld, 1977

Schäuffelen, Otmar / Böhm, Herbert
• Die letzten großen Segelschiffe, Bielefeld, 2010

Schiavoni, Giancarlo
• Unter Segeln – Die großen Windjammer auf den Weltmeeren, Herford, 1994

Temming, Rolf L.
• Segelschiffe – Sechs Jahrtausende Technik und Abenteuer, Klagenfurt, 1987

Thubron, Colin
• Die Seefahrer des Altertums, Eltville, 1992

Völker, Thies
• Lexikon berühmter Schiffe – Spektakuläre Abenteuer von der Arche Noah bis zur Titanic, München, 2003

Wertheim, Eric
• The Naval Institute Guide to Combat Fleets of the World, Annapolis, div. Jgg.

Westphal, Gerhard
• Lexikon der Schifffahrt, Hamburg, 1981

Whipple, A. B. C.
• Die Klipper, Eltville, 1992

Köhlers Flotten-Kalender, Hamburg, div. Jgg.

Schiffe – Segelschiffe, Kriegsschiffe, Passagier- und Handelsschiffe, Fränkisch-Crumbach, 2016

Segelschulschiffe – Die Entwicklung der Segelschulschifffahrt von den Anfängen bis zur Gegenwart, Norderstedt, 1977

Sturmerprobt – 100 bedeutende Segelschiffe, Bindlach, 2004

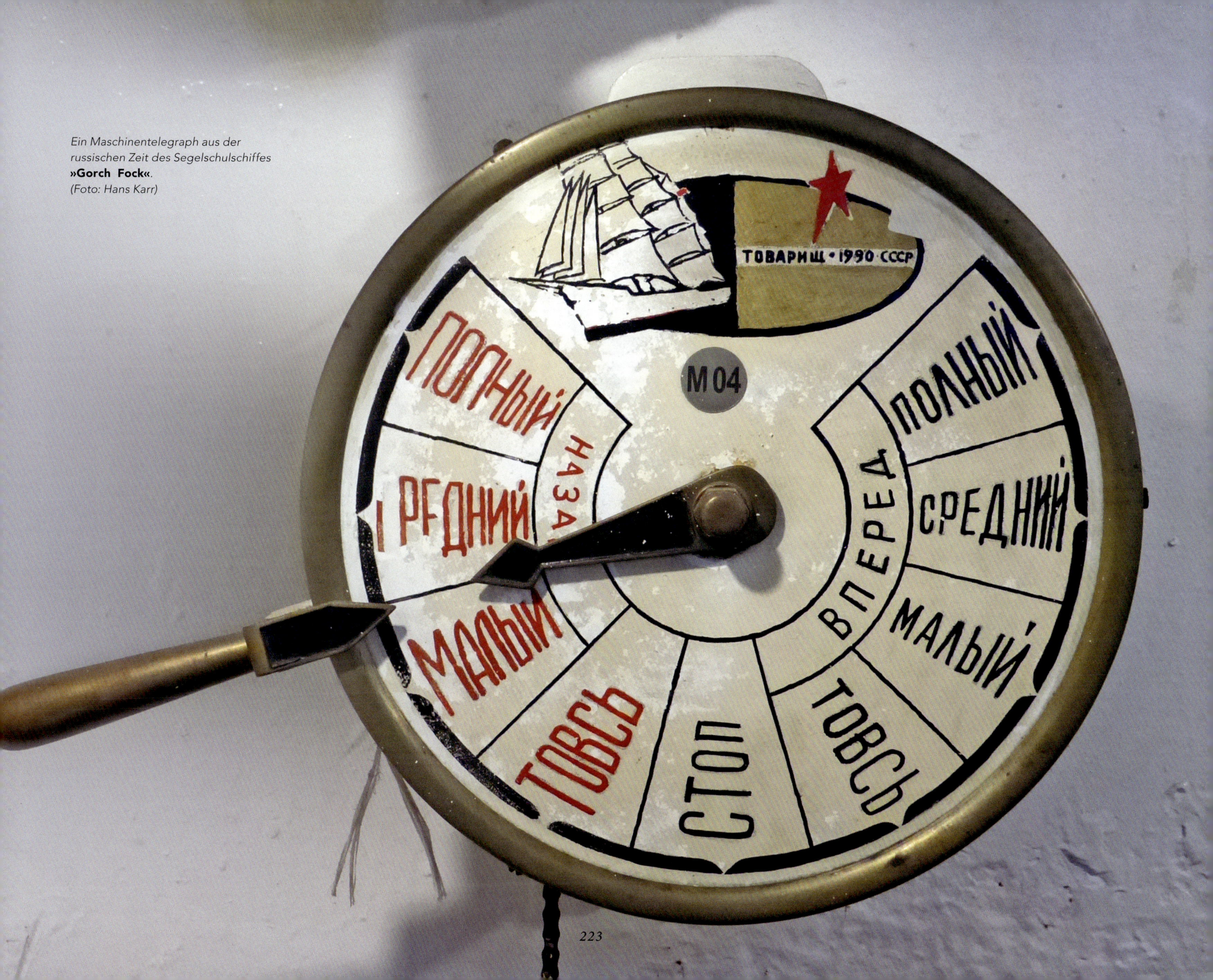


*Ein Maschinentelegraph aus der russischen Zeit des Segelschulschiffes* **»Gorch Fock«**. *(Foto: Hans Karr)*